アンケートによる調査と仮想実験

顧客満足度の把握と向上

高橋武則・川﨑昌［著］

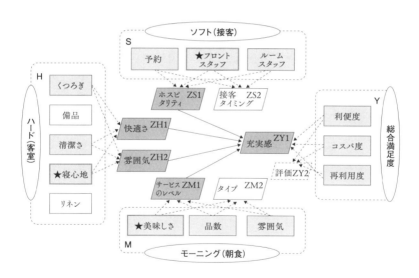

ビジネスホテルの顧客満足度の構造模型図

日科技連

まえがき

　本書は書名でアンケートと表現しているが，本文中では質問紙調査という表現を用いる．このことについて最初に一言断っておきたい．アンケートという言葉は日本で広く用いられる言葉なので本書の書名にはアンケートの表記を用いている．この言葉はフランス語(enquête)で，その本来の意味は「質問調査」である．それには口頭で質問して回答を調査者が記録する場合(他記式)も含まれる．しかし，回答者自身が質問紙に記述する場合(自記式)がほとんどである．本書は後者の場合に焦点を合わせるとともに，調査後は質問紙による実験も取り上げているために質問紙調査という表現にしている．

　本書の主題は顧客満足度の把握・向上であるが，向上のために「何に対して」,「どういう対策を打つか」ということが不可欠になる．前者を質問紙調査で明らかにし，後者を質問紙実験で設計するというのが本書の主張である．

　以上のように本書の目的は，質問紙を用いた調査と実験のための包括的なアプローチを提案するとともに，それをわかりやすく紹介することである．このために，本書は以下に示す4つの特徴のもとに記述している．

① 全体を三段跳びの有機的な構造で構成している．
② 質問紙調査のための5つの可視化ツールを活用している．
③ 選抜型多群主成分回帰分析(カプセル型因果解析)で解析している．
④ 調査と実験と設計(施策の策定)の包括的アプローチを採用している．

　第一の特徴である「三段跳び構造」による構成とは，全体を「有機的な関連をもつ3つのステージ」に分けていることを意味する．最初は「ホップ」で，ここではコンパクトで極めてやさしい説明用の例を用いて全体像を理解できるようにしている．次は「ステップ」で，ここでは調査から実験を経て設計(施策の策定)に至るまでの全体を一貫したやさしい演習用実事例を用いて実務で確実に実施できるように解説している．最後は「ジャンプ」で，ここでは2つの実事例を紹介することによって実務で本格的に実施できるようにしている．

第二の特徴である5つの可視化ツールとは以下に示すもののことであり，これらを整合して活用することが調査と実験の成功の鍵を握っている．

　(1)　概念図：キーワードを本質的な構造でレイアウト（配置）した図

　(2)　特性要因図：要因を漏れなく集めて樹形構造で体系的に整理した図

　(3)　パス図：因果構造の本質の予想の概要を示す図

　(4)　解析模型図：準備段階で因果構造の本質の詳細を示す図

　(5)　構造模型図：最終段階で因果構造の本質の結果の詳細を示す図

これらを整合して用いることによってパワフルな調査と実験が可能になる．

第三の特徴である「選抜型多群主成分回帰分析」という「カプセル型の因果解析」とは，主成分を変数のカプセルに見立てて重回帰分析を行うことを意味している．主成分の実体は多数の変数の線形結合であるが，これを多数の変数を内包したカプセル（容器）と考えることができる．質問数が多い場合には，質問間に高い相関が存在することは避けられない．しかし，主成分というカプセルは互いに無相関（独立）なので主成分回帰分析を用いれば相関の問題は回避できる．ただし，多数の質問項目を合理的に群分割（群内での相関は高いが群間での相関はない，もしくは低いという構造に分けること）することがポイントである．主成分は実体のない抽象的なもの（カプセルという入れ物）であるが，主成分というカプセルの中に内包されている各変数は実体のある具体的なものである．つまり，多群主成分回帰分析で変数選択された重要な主成分というカプセルの中の重要な変数が施策の対象となるのである．抽象的な主成分に対して具体的な施策を策定することは至難の業であるため，具体的な変数に注目して具体的な対策を策定することがこの方法の本質である．

精選された純度の高い（明快な）主成分をつくるには事前に特性との相関の低い変数は排除するという選抜が必要である．ただし，この選抜は全体寄与率を低くするリスクが伴う．しかし，選抜で生じるある程度の全体寄与率の減少は覚悟して，作成するモデルの明快さを優先することが実践の場では重要である．

第四の特徴である調査と実験と設計の包括的アプローチの採用とは，質問紙調査の設計から始まって調査結果の解析を行い，注目すべき質問項目に焦点を合わせたうえで質問紙実験を実施して，その結果から重回帰式を求めて最適化して施策を策定するということを意味している．そもそも質問紙調査というも

のは大きなコスト（費用）とパワー（労力）とタイム（時間）を要するものである．したがって，一度これを行うとなったら考察（解析とそれにもとづくコメント）だけにとどまるのはもったいない．その先の取組みとして，質問紙実験を行って重回帰式を求め，それを用いて有効な施策を策定し，その実現性の確認を行い，最終的にそれを実施して確実に成果を挙げることが重要である．

　以上の中でもとりわけ重要なことは調査・実験の対象をどうとらえるかということで，これを図にしたものが概念図である．次に重要なのは，それにもとづいて因果構造を図にしたものがパス図である．この間に特性要因図を作成すると，かなり具体的な因果構造のパス図を作成することができる．ここでは概念図とパス図に関して簡単に解説して本書の特徴の一端を示したい．

　《ホップ》で取り上げるビジネスホテルの顧客満足度の向上のようなテーマを扱う場合には，まず図1(1)のように「客の行動」と「ホテル側の対応」の構造を可視化した図1(1)のような概念図を作成する必要がある．

　　［A］　客の行動は以下の6ステップである．

　　　①予約，②チェックイン，③滞在，④睡眠，⑤食事，⑥チェックアウト

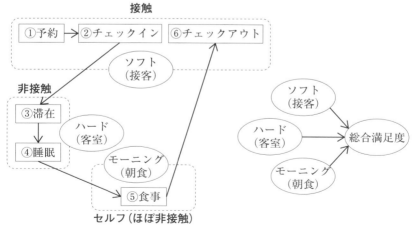

(1)　BHSの概念図（客の行動とホテル側の対応）　　(2)　顧客満足度のパス図

図1　BHS（ビジネスホテルサービス）の概念図と顧客満足度のパス図

[B]　ホテル側の対応は以下の3ステージである.

- ソフト(接客):フロントでの接客対応で,客と接触する.
- ハード(客室):客室の準備対応で,客とは非接触(接触せず)である.
- モーニング(朝食):セルフなので原則として客とはほぼ非接触である.

これにもとづいて顧客満足度(総合満足度)は図1(2)のように整理でき,このように矢印を用いて因果構造を可視化したものがパス図である.この後,3つのキーワード(その実態は複数の質問の集団を意味する群のラベルである)各々に複数の質問項目を準備すれば質問紙ができあがる.質問紙作成の詳細およびその後の調査,解析,実験,設計(対策立案)については本文で詳述している.

　本書は質問紙の設計から施策の策定までの包括的なアプローチ方法を提案し,その内容と進め方をやさしくかつ事例を用いて具体的に解説するものである.しかしながら,視覚的説明を優先し数理的説明は極力避けている.このために主成分分析については必要最小限の図による説明にとどめている.近年,多くの統計ソフトは主成分分析の重要な結果を見やすい図(因子負荷量図など)として出力してくれる.したがって,出力された図があれば本書が取り上げている必要なことは図的操作でできるため,これを用いて視覚的説明を行っている.

　また,本文では表現を変えてはいるが同じ内容を重複して説明する場合がいくつか登場する.それは繰り返すことで重要であることを強調するとともに,角度を変えた説明で多面的な理解を促したいからである.

　本書の出版にあたり,日科技連出版社の鈴木兄宏氏には格別のご尽力をいただいた.原稿のすべてに目をとおしていただいたうえで数多くのご指摘とご助言を頂戴したことにより出版に漕ぎつけることができた次第である.ここに記して深甚の謝意を表したい.

2019年6月

高橋武則・川﨑昌

本書の構成

　本書は，ホップ・ステップ・ジャンプの三段跳びの構造で構成している．

《ホップ》アプローチの概要

　《ホップ》のパートでは，多群質問紙調査の解析手法の一つである「選抜型多群主成分回帰分析」の考え方，手順をシンプルな事例を用いてわかりやすく説明する．このパートを読めば，解析結果にもとづく提案のアプローチの本質を理解することができる．

第1章　多群質問紙調査とは 「ビジネスホテルの満足度調査」の例	第2章　第3章　第4章 【解析の基礎知識】と調査票の作成例

《ステップ》汎用的な基本的アプローチ

　《ステップ》のパートでは，[多群質問紙調査] ⇒ [選抜型多群主成分回帰分析結果にもとづく質問紙実験] ⇒ [実験結果にもとづく施策提案] まで，一貫してやさしい例を用いて解説する．このパートを参考にすることで，多くの質問紙調査や質問紙実験に本書の解析手法を適用することが可能になる．

第5章　第6章　実践力をつけるための一貫事例 　　　　　　　　「スマートフォンの満足度調査」の解析例と質問紙実験例

《ジャンプ》ハイレベルな応用的アプローチ

　《ジャンプ》のパートでは，市場調査やオンライン調査の高度な実事例を紹介する．これらの質問紙調査や質問紙実験の活用例を応用することで，実務や研究の幅を広げることができる．

第7章　実務で使うための準備　第8章　【市場調査事例】 第9章　【オンライン調査事例】

筆者らは，最低限《ホップ》と《ステップ》のパートを読み，本書で提案する統計的アプローチを実践的に活用してほしいと願っている．しかし，可能ならば《ジャンプ》まで読み進んで知識の幅を広げることにより，読者の実務・研究における問題や課題において，パワフルな解析を行っていただきたい．

質問紙における多数の質問（項目）の間には強い相関の問題が避けられないため，安易にそのまま重回帰分析を行うと失敗するリスクが極めて高い．そこで，似ている質問同士をまとめて複数の群として合理的な群分けをする．そのうえで群ごとに主成分をとることにより，多数の質問の間に存在する強い相関の問題を合理的に回避することができる．すなわち，群間の質問は似ていないので相関は低く，群内の似ている質問は主成分をとることでそれらは主成分というカプセル（容器）の中に保持されるとともに因子負荷量図で質問間の状況は視覚的にクリアに把握することができる．そして，同一群の主成分は互いに独立で群間の主成分の相関は低いのでこの回帰分析（多群主成分回帰分析）は明快な式となる．変数選択の結果として選択された主成分の中の重要な質問（主成分と相関の高い質問）が原因系の重要な質問として選抜され対策の設計対象になる．この一連の過程を示す可視化資料は関係者の合意形成に役立つ．

以上のアプローチにより，結果系の質問（顧客満足）に対して重要な原因系の質問の選抜が客観的でかつ視覚的にクリアな形で可能になる．なお，結果系の質問（顧客満足）が複数ある場合にはここでも主成分を用いることになる．

これまでの過程で得た情報にもとづいて質問紙による仮想実験（コンジョイント分析）を行うことによって対策の設計を行う．仮想実験までに得られた情報の活用により因子と水準は確実なものが準備できるとともに被験者の層別もしっかりと行われるので，実験結果から確度の高い設計が可能になるのである．

本文では統計ソフトを用いた結果を示すが，それらは SAS Institute 社の JMP によるものである．

目　　次

まえがき　*iii*

本書の構成　*vii*

《ホップ》

第 1 章　多群質問紙調査とは ———————————— *1*

1.1　ビジネスホテルの満足度調査における多群質問紙調査票の例 ················ *2*

1.2　多群質問紙調査の解析ステップ ·············· *4*

　1.2.1　step 1　結果系の質問項目の主成分分析 ············ *5*

　1.2.2　step 2　原因系の質問項目の選抜 ············· *6*

　1.2.3　step 3　概念群ごとの主成分分析 ············· *7*

　1.2.4　step 4　選抜型多群主成分回帰分析 ············· *9*

　1.2.5　step 5　重要な質問項目の確認と考察 ············· *10*

1.3　多群質問紙調査結果にもとづく提案 ············· *11*

　1.3.1　ベクトルにもとづく提案の方向性 ············· *11*

　1.3.2　質問紙実験にもとづく具体的な提案 ············· *13*

第 2 章　多群質問紙調査から施策提案までの流れとその準備 ——— *17*

2.1　調査手法の特徴と多群質問紙の構造 ·············· *18*

　2.1.1　オンライン調査と多群質問紙調査 ············· *18*

　2.1.2　企業におけるオンライン調査の活用 ············· *19*

　2.1.3　因果分析を前提とした多群質問紙調査票の構造 ············· *20*

2.2　多群質問紙調査票のつくり方 ·············· *21*

　2.2.1　調査計画 ············· *21*

　2.2.2　準備段階で用意したい 5 つの図表 ············· *21*

2.3　調査の目的と仮説 ·············· *25*

2.4　概念群と質問項目 ·············· *26*

2.5　属性（フェイスシート）項目 ·············· *26*

x　　　　　　　　　目　　次

第3章　基本的な解析 —————————————————————— *29*

3.1　単純集計 ……………………………………………………………… *29*

3.2　平均値と標準偏差 …………………………………………………… *29*

3.3　グラフ ………………………………………………………………… *33*

3.4　1変量の分布と要約統計量 ………………………………………… *33*

第4章　多群質問紙調査の解析手法 ————————————————— *37*

4.1　調査および解析の歴史的変遷 ……………………………………… *37*

4.2　多変量解析の発展 …………………………………………………… *38*

4.3　本書で活用する多変量解析 ………………………………………… *40*

　　4.3.1　重回帰分析 …………………………………………………… *40*

　　4.3.2　主成分分析 …………………………………………………… *43*

　　4.3.3　従来の主成分回帰分析 ……………………………………… *47*

4.4　選抜型多群主成分回帰分析 ………………………………………… *49*

《ステップ》

第5章　「スマートフォンの満足度調査」の解析 ——————————— *51*

5.1　多群質問紙「スマートフォンの満足度調査」の質問項目 ……… *51*

　　5.1.1　結果系の項目 ………………………………………………… *51*

　　5.1.2　原因系の項目 ………………………………………………… *52*

5.2　入力データのチェック ……………………………………………… *52*

5.3　「漫画をよく読む人」の選抜型多群主成分回帰分析 …………… *53*

　　5.3.1　step 1　結果系の質問項目の主成分分析 ………………… *53*

　　5.3.2　step 2　原因系の質問項目の選抜 ………………………… *54*

　　5.3.3　step 3　概念群ごとの主成分分析 ………………………… *55*

　　5.3.4　step 4　選抜型多群主成分回帰分析 ……………………… *55*

　　5.3.5　step 5　重要な質問項目の確認と考察 …………………… *56*

　　5.3.6　「漫画をよく読む人」の提案の方向性 …………………… *57*

5.4　「漫画をあまり読まない人」の選抜型多群主成分回帰分析 …… *60*

5.5　解析結果にもとづく提案の方向性 ………………………………… *63*

第6章　「スマートフォンの満足度調査」の解析結果にもとづく質問紙実験 — *67*

6.1　因子と水準の設定 …………………………………………………… *68*

目　次　　　*xi*

 6.2 プロファイルカードの作成 ･･････････････････････････････････････ *69*
  6.2.1 直交表の作成 ･･ *69*
  6.2.2 プロファイルカードの準備と並べ替えの手順 ････････････ *69*
  6.2.3 実験の実施 ･･ *72*
 6.3 データ解析 ･･･ *73*
  6.3.1 重回帰分析 ･･ *73*
  6.3.2 得られた式の検討 ････････････････････････････････････ *75*
 6.4 提案施策の設計 ･･･ *76*
 6.5 確認調査 ･･･ *76*

《ジャンプ》
第7章　実務で使うための準備 ──────── *79*
 7.1 質問紙調査と質問紙実験における分類 ･･････････････････････ *79*
  7.1.1 属性分類 ･･ *80*
  7.1.2 統計分類 ･･ *81*
  7.1.3 上位の分類と下位の分類 ････････････････････････････ *82*
  7.1.4 事前層別と事後層別 ････････････････････････････････ *83*
 7.2 群の再構成 ･･ *84*
  7.2.1 事前と事後の群の構成の違い ････････････････････････ *84*
  7.2.2 層に分けた場合の解析 ･･････････････････････････････ *85*
  7.2.3 群の再構成の例 ･･････････････････････････････････････ *85*

第8章　［市場調査事例］対応のある質問紙調査の積み重ね解析 ── *89*
 8.1 対応のある調査票の活用 ･･････････････････････････････････････ *89*
 8.2 「コンビニエンスストアの満足度調査」の概要 ･･･････････････ *91*
 8.3 個別および積み重ねデータによる重回帰分析 ･･･････････････ *92*
 8.4 積み重ねデータによる選抜型多群主成分回帰分析 ･････････ *94*
 8.5 まとめ ･･･ *100*

第9章　［オンライン調査事例］キャリア意識に影響する要因の探索的検討 ── *101*
 9.1 オンライン調査の準備 ･･ *101*
  9.1.1 「キャリア意識」に関する概念図 ････････････････････････ *101*
  9.1.2 「キャリア意識」に関する特性要因図とパス図 ･･････････ *101*

xii   目　　次

9.2　オンライン調査の概要 ……………………………………………… 103
9.3　重回帰分析 …………………………………………………………… 105
　　9.3.1　事後層別 ……………………………………………………… 106
　　9.3.2　事後層別結果にもとづく重回帰分析 ……………………… 107
9.4　大企業で年収 500 万円以上の選抜型多群主成分回帰分析 ……… 107
9.5　他の層の分析と考察 ………………………………………………… 114
　　9.5.1　大企業で年収 500 万円未満の既婚者の重回帰分析 ……… 114
　　9.5.2　大企業で年収 500 万円未満の未婚者の選抜型多群主成分回帰分析 …… 114
9.6　階層の探索的アプローチにもとづく考察 ………………………… 115
9.7　まとめ ………………………………………………………………… 119

付録 1　選抜型多群主成分回帰分析【Excel での実施手順】　　121
付録 2　「スマートフォンの満足度調査」の調査票　　129

あとがき　133
引用文献　137
参考文献　141
索　　引　143

第 **1** 章

多群質問紙調査とは

　多群質問紙調査とは，複数の概念群で構成された多くの質問項目が含まれる
アンケート調査のことである．近年，インターネットの普及によりアンケート
調査は質問紙だけでなく，インターネット上でも手軽に行えるようになった．
本書では一貫して質問紙調査という用語を使用するが，インターネット上で実
施する多群質問項目のオンライン調査も同義である．その構造を**図 1.1** に示す．
　研究における調査では，計画段階で概念群ごとに複数の質問項目を用意する
ことが多い．一方，企業で実施する調査では，概念群を整理しないまま，思い

概念群		質問項目
原因系	A 群	AQ1 AQ2 AQ3 ：
	B 群	BQ1 BQ2 BQ3 ：
	C 群	CQ1 CQ2 CQ3 ：
結果系	Y 群	YQ1 YQ2 YQ3 ：

図 1.1　多群質問紙（多群質問項目）の構造

ついたままに調査したい質問項目をたくさん並べてしまう傾向がある．このようなタイプの質問紙調査で得られたデータに対しても，本書で紹介する解析手法を用いれば，調査結果から次の施策提案につながる有益な情報を得ることができる．この解析手法を簡単に説明するため，本章ではビジネスホテルの満足度調査の事例を用いる．なお，説明にあたり図表は示すがデータは割愛している．

　本章では一連の流れを把握してもらうことを重視し，詳細な説明は省略している．詳細は，【※ページ番号，章節項】や【※ページ番号，図表番号】を参考に，後述する解説を参照して理解を深めてもらいたい．

1.1　ビジネスホテルの満足度調査における多群質問紙調査票の例

　出張などで利用されるビジネスホテルに泊まると，宿泊者アンケートの記入を求められることがある．図1.2は，ビジネスホテルの満足度調査票の一例である．(1)は概念群ごとに質問項目を整理して並べた多群質問紙調査票となっており，構造をわかりやすく示している．(2)は構造化されていない調査票である．ここでは多群質問紙の構造を理解してもらうことを優先し，調査を行ううえで重要な，回答者属性やビジネスホテルの利用目的を確認する項目は省略している．

　図1.3は，ビジネスホテルの満足度調査の多群質問紙調査票を概念図【※p.22，2.2.2②】として示したものである．この概念図から，ビジネスホテルの総合満足度は，ソフト（接客）とハード（客室）とモーニング（朝食）という3つの概念群で構成されている質問項目の評価によって決まるという因果関係を読み取ることができる．

　満足度に影響を与える原因系の3つの概念群には，それぞれ複数の質問項目が含まれており，3群の質問項目を合計すると11項目になる．また，結果系の総合満足度には，①利便度，②コスパ度（コストパフォーマンスの程度），③再利用度を評価する3つの質問項目が用意されている．

　構造化されていない調査票と比べると，1つの概念群に複数の質問項目が含まれている多群質問紙調査票は質問数が多くなっている（図1.2）．質問紙調査

1.1 ビジネスホテルの満足度調査における多群質問紙調査票の例　　3

概念群	質問項目	
A. 接客	1-1	予約はスムーズにできましたか
	1-2	フロントの対応は良かったですか
	1-3	ルームスタッフの対応は良かったですか
B. 客室	2-1	部屋ではくつろげましたか
	2-2	備品は充実していましたか
	2-3	掃除は行き届いていましたか
	2-4	ベッドの寝心地は良かったですか
	2-5	リネン交換は適切でしたか
C. 朝食	3-1	料理は美味しかったですか
	3-2	料理の種類は豊富でしたか
	3-3	レストランの雰囲気は良かったですか
Y. 満足度	4-1	当ホテルの利便性は良かったですか
	4-2	コストパフォーマンスは良かったですか
	4-3	もう一度利用したいと思いますか

1　当ホテルの利便性は良かったですか

2　フロントの対応は良かったですか

3　部屋ではくつろげましたか

4　ベッドの寝心地は良かったですか

5　掃除は行き届いていましたか

6　備品は充実していましたか

7　料理は美味しかったですか

8　もう一度利用したいと思いますか

（1）　多群質問紙調査票　　　　　　（2）　構造化されていない調査票

図 1.2　ビジネスホテルの満足度調査票の一例

では，回答者の負担も考慮しなければならないため，質問項目が多くなりすぎることには注意しなければならない．しかし，ビジネスホテルに宿泊するお客様に何度も調査を行うことは困難である．したがって，可能な限り漏れなく，調査したい質問項目を含めて調査票を設計することが望ましい．

　多くの質問項目によって構成される多群質問紙調査において，同じ概念群に含まれる質問項目同士は相関が高くなる．これらの相関の高い質問項目をすべて用いて因果関係の分析を行おうとすると，似たような項目が複数あることで

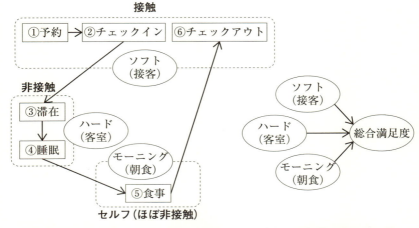

(1) BHS の概念図(客の行動とホテル側の対応)　(2)　顧客満足度のパス図

図 1.3　BHS(ビジネスホテルサービス)の概念図と顧客満足度のパス図(再掲)

統計的な処理に混乱が生じ，正しい分析結果を得られないことがある．

　そのため本書では，多群質問紙調査票の解析を行う場合にいくつかの工夫を行う．それによって，相関が高い項目が含まれていても解析結果から因果関係を明らかにすることができ，さらに提案の方向性を示すことができるようになる．この手法は，選抜型多群主成分回帰分析[1])という．次節では，選抜型多群主成分回帰分析をビジネスホテルの満足度調査の事例に適用する．

1.2　多群質問紙調査の解析ステップ

　図 1.3 の(1)に概念図(客の行動とホテル側の対応)を，(2)に顧客満足度のパス図を示している．これらをもとにして各々の概念群(キーワード)のもとに複数の質問が用意され，群ごとの主成分とそれらの因果関係の構造が，図 1.4 のビジネスホテルの満足度調査の解析模型図(準備)である．図中の四角が質問項目(観測変数ともいう)，点線が概念群，平行四辺形が主成分である．

1.2 多群質問紙調査の解析ステップ

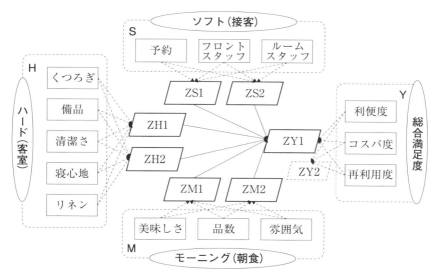

図1.4 ビジネスホテルの顧客満足度の解析模型図(準備)

1.2.1　step 1　結果系の質問項目の主成分分析

はじめに，結果系の質問項目である3項目，利便度，コスパ度，再利用度の主成分分析を行う．このときの主成分分析【※ p.43, 4.3.2】の結果を図1.5に示す．この結果から，第一主成分で80％を説明しているため，3項目から抽出された第一主成分を結果系の変数の代表として以降の解析に用いる．

図1.5では第一主成分を充実感(低い⇔高い)，第二主成分を評価(実感⇔期待)というように軸の解釈を行った．しかし，選抜型多群主成分回帰分析では軸の解釈を後回しにして解析を進めてもかまわない．なぜならば，実際に手を打つのは抽象的な主成分ではなく実体のある具体的な質問項目だからである．

主成分分析における軸の解釈はコツを摑むまで難しい．うまくできない場合は，目安として第一主成分の寄与率が50％を超えていれば，第一主成分を結果系の変数の代表として解析することは意味がある．もし，50％以下の値であったら，最初の主成分分析に用いた質問項目の中に仲間外れの項目が混じっていると考えられる．そのときは，仲間外れと思われる項目を除いて，もう一

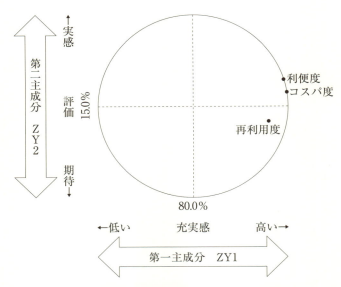

図 1.5 結果系の質問項目の主成分分析結果

度残りの質問項目の主成分分析を行ってみるとよい．
　もちろん，主成分分析を行わず，総合満足度の3つの質問項目のうちどれか1項目を代表の変数として選び，分析を行うこともできる．しかし，ビジネスホテルの総合満足度として解析を行うなら，3項目の合成値である主成分を活用する方法が有効である．

1.2.2　step 2　原因系の質問項目の選抜

step 2 では，step 1 で抽出した第一主成分(充実感)と相関の高い原因系の質問項目を選抜する．原因系の質問項目の中には，結果系の第一主成分(充実感)とあまり関係のない項目が含まれている可能性もある．それを確認するため相関分析を行い，相関が低い項目は分析から外し，残りの相関がある値以上の質問項目のみを以降の分析に用いる．この事例では，ハード(客室)の概念群に含まれる「備品」と「リネン」に関する質問項目が分析から外れた．この2項目は，図 1.6 の構造模型図(結果)でもわかりやすいよう四角の中を白にしている．

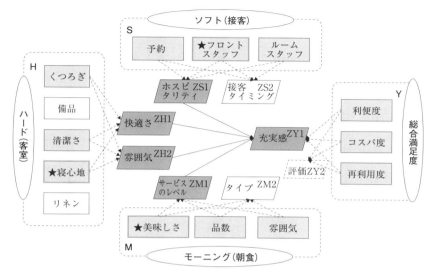

図 1.6　ビジネスホテルの顧客満足度の構造模型図 (結果)

同様に主成分に関しても変数選択されなかったものは白抜きにしている.

　このように, 原因系の質問項目を選抜し, 解析に用いる項目を減らすことによって, すべての項目を用いて行う分析よりモデルの当てはまりを示す数値が低下してしまう可能性がある. しかし, そもそも結果系の変数に対して相関の低い原因系の変数を用いて分析しても, 結果に影響を及ぼす要因として選ばれる可能性は少ない. さらに, 次の step 3 で行う概念群ごとの主成分分析結果の解釈も難しくなる. なお, 最終的に重要と判断された 3 つの質問項目には★印が付けられているが, これらについては以後の説明で明らかにする.

1.2.3　step 3　概念群ごとの主成分分析

　次は, 概念群ごとに, 選抜された質問項目の主成分分析を行う. ソフト(接客)群の 3 項目の主成分分析結果を**図 1.7**, ハード(客室)群の主成分分析結果を**図 1.8**, モーニング(朝食)群の主成分分析結果を**図 1.9** に示す. 3 つの図は因子負荷量と呼ばれている.

　主成分は, 分析に用いた項目数と同じ数だけ抽出されるため, 3 つの質問項

第1章 多群質問紙調査とは

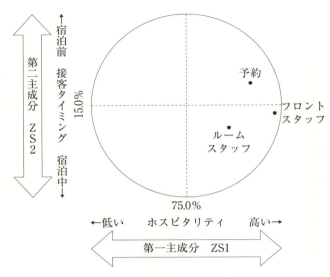

図 1.7 ソフト（接客）群の主成分分析結果

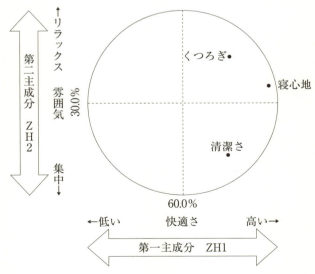

注） 備品とリネンは充実感との相関が低いので除外している．

図 1.8 ハード（客室）群の主成分分析結果

1.2 多群質問紙調査の解析ステップ

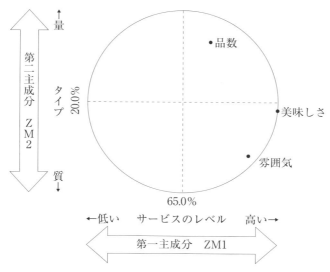

図1.9 モーニング(朝食)群の主成分分析結果

目からは3主成分が合成値として得られる．図1.6のビジネスホテルの満足度調査の構造模型図(結果)において，抽出された主成分がすべて2つになっているのは，説明をわかりやすくするためである．また，ここでも主成分軸の解釈をそれぞれの概念群ごとに行っているが，もし，主成分軸の解釈が困難な場合は，解釈をパスしてそのまま次のstepに進んでもよい．

1.2.4　step 4　選抜型多群主成分回帰分析

step 1とstep 3で抽出された主成分を用いて，選抜型多群主成分回帰分析を行う．その結果，ビジネスホテルの宿泊客の充実感に影響を与える原因系の主成分はどれなのかが明らかになる．

　　得られた回帰式【※ p.42, 4.3.1】
　　　　ZY1 = 0.47 ZS1+0.52 ZH1+0.25 ZH2+0.31 ZM1

同じ概念群から1つの主成分が選ばれた場合は，第一主成分なら横軸，第二主成分なら縦軸上で絶対値が大きな質問項目が重要であると判断する．つまり主成分を介して重要な項目を選択する．図1.10に第一主成分ベクトルを作図

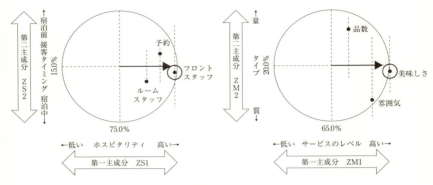

図 1.10　第一主成分ベクトル

した．これらの図から接客において最も重視されるのはフロントスタッフの対応であり，モーニングでは美味しさが総合満足度に影響していると読み取れる．

もし，同じ群から第一主成分と第二主成分の2つの主成分がどちらも変数選択された場合は，これらの合成ベクトルを用いて重要な質問項目を確認する．この事例ではZH1とZH2が選択されており，ハード(客室)群の第一主成分と第二主成分が結果系の変数(充実感)に影響を与えていることが明らかである．その結果の偏回帰係数(推定値)【※ p.43，4.3.1】，第一主成分0.52と第二主成分0.25を用いて合成ベクトルを図1.11のように作図する．このときの作図のベースとなっているのは，図1.8のハード(客室)群の主成分分析結果である．

1.2.5　step 5　重要な質問項目の確認と考察

ハード(客室)群で選抜された3項目の主成分分析結果に第一主成分の係数0.52と第二主成分の係数0.25，およびその合成ベクトルを作図し，この合成ベクトルに射影する(垂直となる)線を引く．合成ベクトルは横の長さと縦の長さの比が0.52：0.25になる四角形をつくり，この対角線として得ることができる．このとき，第一主成分と第二主成分の軸が交わる中心点から垂線までの絶対値が最大の質問項目が重要な質問項目である．以上より明らかになった3つの重要項目は図1.6の中に★印で示されている．

この例では，最も宿泊客の充実感に影響を与える質問項目が寝心地，次がく

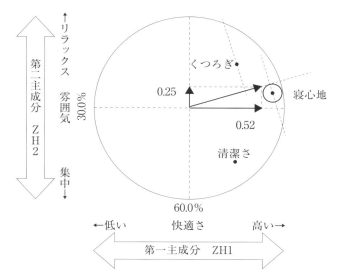

図 1.11　第一主成分と第二主成分の合成ベクトル

つろぎであることを確認できた．主成分の合成ベクトルを用いて解釈を行うと，部屋の清潔さは充実感にほとんど影響を与えていないことがわかる．このことは部屋の清潔さはどうでもよいということを意味しているわけではない．現状のレベルならば充実感にほとんど影響を与えていないということであって，もし手を抜いて不潔にしたならば悪い結果をもたらすことを忘れてはならない．

　このことから，ホテルの総合満足度には，客室のベッドの寝心地，客室でリラックスしてくつろげることが大事であると考えられる．よって，他の競合ビジネスホテルとの差別化を図るためには，ベッドの寝心地を左右するマットレスやまくらの充実を検討することが対策のポイントであると考えられる．

1.3　多群質問紙調査結果にもとづく提案

1.3.1　ベクトルにもとづく提案の方向性

　主成分の合成ベクトルにもとづき重要な質問項目を確認した結果，「ベッド

の寝心地」が最も重要であることが明らかになった．この質問項目の1変量の分布【※ p.33, 3.4】を図 1.12 に示す．

ビジネスホテルの満足度調査の事例では，回答の選択肢を7段階で用意し，ベッドの寝心地については，「非常に良い」から中央に「どちらとも言えない」を挟み，「非常に悪い」までを評価してもらった．一般のアンケート調査では，5段階で回答を求めることも多いが，回答はどうしても中央に寄りやすいため，適度にばらつきのあるデータを得るには，7段階で回答を求めるとよい．

図 1.12 に示す「ベッドの寝心地」についての回答の分布を確認すると，この質問項目は何らか施策を打つことでまだ改善の余地（上げしろ）【※ p.59, 5.3.6(1)】があるといえる．もし，平均値が満点に近く「上げしろ」がないような場合は，現状を維持するための施策を考えなければならない．

ホテルの対策としては，ベッドの寝心地を良くするため，予約やチェックイン時にベッドの広さやマットレスの硬さに関するお客様の希望を確認する，まくらを自由に選択できるようにするなどの施策を提案することができる．しかし，これらのアイデアはいずれも仮説である．可能であれば，さらに検証実験を行うことが望ましい．

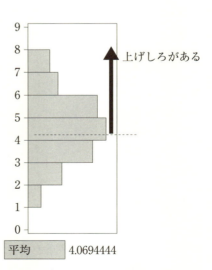

図 1.12 「ベッドの寝心地」の1変量の分布

1.3.2 質問紙実験にもとづく具体的な提案

多群質問紙調査の結果，ビジネスホテルの満足度を高めるためには，ベッドの寝心地を良くすることが重要であり，その対策として「ベッドの広さ」，「マットレスの硬さ」，「まくら」について検討したらよいだろうとの仮説が生まれた．この仮説をより具体的な提案とするためには，以下のように質問紙実験【※ p.67，第6章】を計画し，実施するとよい．

質問紙実験は仮想実験である．質問紙とあるが，紙でもインターネット上でも実験は可能である．質問紙実験に用いる因子は，X1「ベッドの広さ」，X2「マットレス」，X3「まくら」と3つ設定し，表1.1のように2つの水準を用意する．この3因子と2水準で作成した L_8 直交表が表1.2である．ベッドの広さはシングルサイズ（幅100cm）かセミダブルサイズ（幅120cm）かによって宿泊料金が異なるため，ベッドの広さに対応する宿泊料金も（　）書きで水準の中に示している．まくらもスタンダードは追加料金がかからないが，セレクトの場合は＋300円かかることがわかるようにする．

質問紙実験を計画する場合，コストを加味しなければ，多くの場合ベストの組合せは明らかである．コストを組み合わせることで本質的な比較検討が可能になる．したがって，水準に含める金額はできるだけ現実性のあるものを用意したい．

この直交表【※ p.70，表6.2】をもとに作成した質問紙実験用のプロファイルカード【※ p.71，図6.1】が図1.13である．直交表のNo. 1～8に対応するように8種類のカードを準備する．カードは，文字だけでなく写真やイラストを入れることで被験者が直感的にわかりやすくなるよう工夫するとよい．

表 1.1　因子と水準（ビジネスホテルの例）

因子	第一水準	第二水準
X1　ベッドの広さ	幅100cm シングル （5,000円／泊）	幅120cm セミダブル （5,500円／泊）
X2　マットレス	ボンネルコイル：硬め	ポケットコイル：柔らかめ
X3　まくら	スタンダード 羽 （＋0円）	セレクト 無圧／パイプ：高さ調整可 （＋300円）

表 1.2 直交表(ビジネスホテルの例)

No.	ベッドの広さ	(宿泊料金)	マットレス	まくら	(追加料金)
1	100cm	(5,000 円/泊)	ボンネル	スタンダード	(0 円)
2	100cm	(5,000 円/泊)	ボンネル	セレクト	(300 円)
3	100cm	(5,000 円/泊)	ポケット	スタンダード	(0 円)
4	100cm	(5,000 円/泊)	ポケット	セレクト	(300 円)
5	120cm	(5,500 円/泊)	ボンネル	スタンダード	(0 円)
6	120cm	(5,500 円/泊)	ボンネル	セレクト	(300 円)
7	120cm	(5,500 円/泊)	ポケット	スタンダード	(0 円)
8	120cm	(5,500 円/泊)	ポケット	セレクト	(300 円)

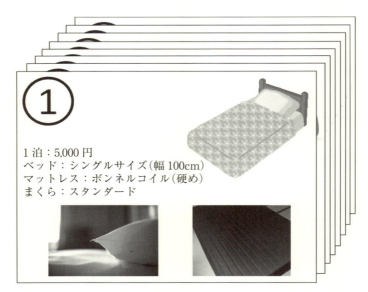

図 1.13 質問紙実験を行うためのプロファイルカード

　この 8 枚のカードを良い(宿泊したい)と思う順に並べ替えてもらい，その回答を統計的に処理することで具体的な提案施策を導き出すことが可能になる．その結果，図 1.14 に示す⑤のカードが最も望まれている施策の組合せであることが明らかになった．このカードから，ビジネスホテルの利用客の満足度を

1.3 多群質問紙調査結果にもとづく提案

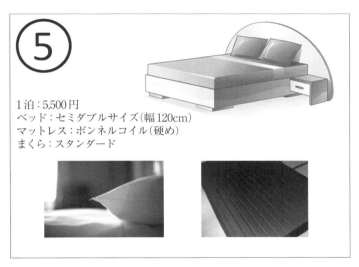

図 1.14 最も満足度の高い施策の組合せのカード

高めるには，ベッドは広めのセミダブルサイズ(幅120cm)，マットレスはボンネルコイルの硬め，まくらは追加料金のかからないスタンダードがベストの組合せであることがわかる．

このように，質問紙実験を行うことで，具体的な提案施策の設計が可能になる．本書では，**第6章**ではスマートフォンの満足度調査の事例を用いて質問紙実験の手順を具体的に紹介する．そこでも質問紙調査から質問紙実験までの一貫した流れを確認されたい．

なお，第一段階の「ホップ」で取り上げたビジネスホテルの事例ではわかりやすい説明のために層別というものを考慮していない．しかし，質問紙調査では層別はとても重要である．例えば，若者と年配者やライトユーザーとヘビーユーザーでは回答が異なる可能性がある．このような場合に層別をせずに解析を行うととんでもないことになる．すなわち，層によって異なる性質が相互に干渉することによって結果がクリアに現れなかったり，まったく間違った結論を導くといったリスクが高いのである．したがって，次に説明する第二段階の「ステップ」で取り上げるスマートフォンの事例では層別について解説を行う．

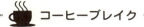
······ コーヒーブレイク

考察と提案

　考察と感想は区別しなければならない．前者はロジカル（論理的）なものであるのに対して後者はエモーショナル（情緒的）なものである．調査や実験を行ってデータをとり，それを解析したうえでの矛盾のない論旨のとおった意見・主張が考察である．データは見るものの，解析は行わず，マイペースのロジック（屁理屈）で述べる無責任な意見・主張が感想である．

　本書のアプローチの前半では調査はきちんととったデータにもとづくロジカルな考察の方法について解説している．それは，顧客満足度にとって重要な手を打つべきもの（ターゲット）は何かを明らかにすることである．このために多群主成分回帰分析を用いてターゲットを明らかにする方法を紹介している．

　しかしながら，注意しなければならないことは，考察というものはどんなにロジカルで見事なものであっても，対象がどうなっているのかという解説をしているだけであって，それをどうしたらよいのかという施策を示してはいない．実務では施策を示したうえでそれを実施して成果を挙げなければ意味がない．つまり，イソップ物語の「猫の首に鈴」の話が皮肉っているように，最終的に猫の首に鈴を付けなければ話にならないのである．

　施策はとにかく提案すればよいというものではない．責任のある提案はそのアプローチがロジカルでなければならず，単なる思い付きは危険である．施策を提案する場合，実験にもとづいて進めることが重要である．ただし，実験は因子と水準を決めなければ行うことができない．かといって無意味な因子や見当外れの水準を用意した場合には無駄な実験に終わってしまう．意味のある因子と妥当な水準を準備することは実験の成功に不可欠の要件である．これは，実験に先立つ調査の結果を活用することが王道である．そして，調査で終わってしまいその後の提案をしなければ，「画竜点睛を欠く」ことになってしまう．研究の場合であるならばともかく，実務の場合には最終的に事態を良い状態にしなければ意味がない．

第 2 章
多群質問紙調査から施策提案までの流れとその準備

　本書では，多群質問紙調査の解析手法として，選抜型多群主成分回帰分析の手順をわかりやすく解説する．この手法を活用すれば，多群質問紙調査にもとづく提案の方向性が明らかになり，抽象的ではあるが実践的な提案(調査結果にもとづく仮説)を導き出すことができる．

　はじめて質問紙調査を行う場合や卒業論文としてまとめる調査研究の場合には，多群質問紙調査(実態把握)結果にもとづく提案まででも十分であるが，実務ではさらに提案の確度を高めるために質問紙実験(仮想実験)を行うとよい．質問紙実験は，質問紙調査よりも実査の計画や進行に手間がかかるが，統計的アプローチによる具体的な施策設計にチャレンジする場合は有効な手段である．

　この一連の流れをまとめると，図 2.1 のようになる．より良い提案(設計：施策の策定)につながる質問紙調査や質問紙実験を行うには，事前の準備がと

| 多群質問紙調査
(実態把握) | 質問紙調査⇒抽象的な結論
選抜型多群主成分回帰による解析と(抽象的)提案 |

| 質問紙実験
(仮想実験) | 質問紙実験⇒具体的な結論
質問紙実験と設計にもとづく(具体的)提案 |

| 設計
(提案) | 統計的アプローチにもとづく提案 |

図 2.1　多群質問紙調査から提案までの流れ

ても重要である．よって，本章では多群質問紙調査の準備に必要な調査手法の
特徴や調査票のつくり方について解説する．

2.1 調査手法の特徴と多群質問紙の構造

2.1.1 オンライン調査と多群質問紙調査

日本では，1990 年代後半からインターネットを活用した調査が，主に市場
調査の分野で迅速・廉価・簡便をうたい文句に急速に拡がった[2]．近年，イン
ターネットのさらなる普及に伴い，企業のマーケティング活動や社会調査，学
術研究の領域において，オンライン調査はいっそう盛んである[3], [4]．

従来の質問紙調査と比較すると，オンライン調査は，調査票の設計や入力・
集計処理が簡便であり，さらに配信にかかる負担も少ないという特徴をもって
いる．そのため，オンライン調査を有効に活用できれば，調査実施者は時間的
メリットと経済的メリットの双方を享受することができる．一方，回答者に
とっても，インターネットによる回答は利便性の高い方法だといえる．

このように，調査法や回答法の利点を背景として，市場調査だけでなく社会
調査においてもオンライン調査は一つの選択肢として考えられるという論調に
変わってきている[5]．実際に日本では，2015 年の国勢調査からインターネッ
トを活用した回答が全国で行えるようになった．また同時に，学術分野におけ
るオンライン調査の利用増加に関する研究報告もある[6]．

図 2.2 にオンライン調査の例を示す．オンライン調査は，紙面の制限がない
ウェブページ上に質問項目や選択肢を並べるため，それらの項目数がいたずら
に多くなる傾向が見られる．このような場合，相関の高い質問項目を多数含む，
複数の群で構成された多群質問項目の調査票となり，紙面で行う多群質問紙調
査と同様の特徴をもつことになる．

多群質問紙調査とは，相関の高い質問項目を多数含むような，複数の群で構
成された調査票を用いて実施する調査のことである．学術的な研究領域におい
ては，一般に先行研究をレビューし，目的や仮説を明確にしたうえで調査を計
画する．その調査を実施した後，仮説の検証を行うことが研究の一つの流れで

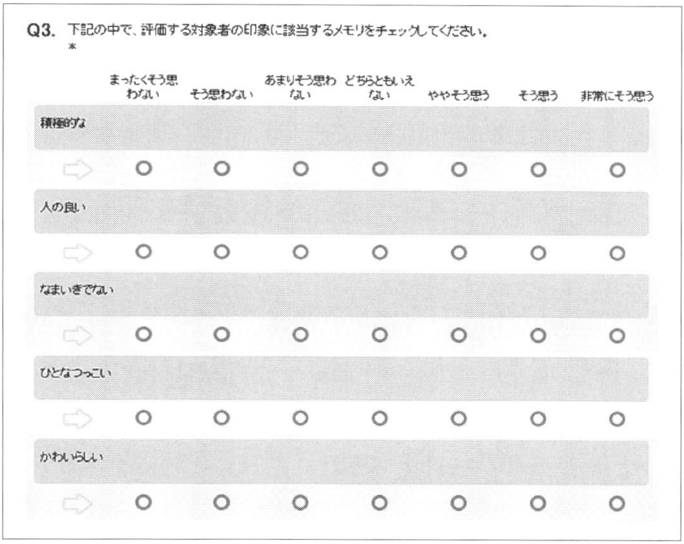

図 2.2　オンライン調査の例

あるが，企業においては必ずしもこのような手順で調査を実施できるとは限らない．こうした理由から，企業における調査のほうがより手軽に実施できるオンライン化が進んでいると推測される．

2.1.2　企業におけるオンライン調査の活用

企業が実施する調査では，納期や予算との兼ね合いから事前準備に十分な時間をかけられないこともある．また，可能な限り 1 回の調査で，回答者から必要な情報をすべて取得できるよう，質問項目数が多くなってしまう傾向も見られる．このような場合，相関の高い質問項目を多数含む，複数の群で構成された多群質問項目の調査となる．

企業が実施主体となって行う調査であれば，その結果が実務に役立つことが望まれる．実務に有効な調査とは，ビジネスの機会を逸しないタイミングで信頼できるデータを取得でき，かつ，データ解析後はその結果にもとづき具体的な施策を導き出せるものである．

さらに，調査データの定量的な解析結果が視覚的にもわかりやすく示されれば，経営における意思決定の客観的な判断材料にすることができる．本書で多群質問紙調査の解析に用いる選抜型多群主成分回帰分析は，データの可視化に優れた統計ソフトの JMP や JMP Pro(SAS Institute 社)を用いることで，提案の方向性が一目でわかるような結果を示すことが可能な手法である．

なお，優れた統計ソフトに比べるとかなり手間はかかるが Excel でも同様の解析は可能である．これについては**付録1**を参照されたい．

2.1.3 因果分析を前提とした多群質問紙調査票の構造

調査項目における因果関係の分析を前提とした多群質問紙調査票の構造を図 2.3 に示す．このような多群質問紙調査票では，解析時に原因系(A 群，B 群，C 群)と結果系(Y 群)の各群の内(群内)および外(群間)における質問項目間の高い相関が問題となりやすい．因果関係を明らかにする分析を行う際の項目間の高い相関の問題は，線形回帰における多重共線性の問題[7]として議論されており，それを回避する方法論についてもさまざま論じられている．

多重共線性とは，原因系の質問項目(説明変数や独立変数という)の間に高い

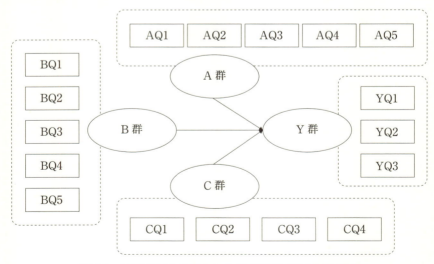

図 2.3　因果分析を前提とした多群質問紙調査票の構造

相関がある場合, 説明変数(独立変数)が結果系の質問項目(目的変数や従属変数という)をどれくらい説明できるかを表す値である決定係数(寄与率ともいう)が大きいにもかかわらず, 解析結果の値の符号が理論と逆転してしまうなど, 解釈を行う際に問題や矛盾が生じる現象のことを指す. この問題が生じた場合, 相関が高い一方の質問項目を分析から除外する, あるいは相関の高い質問項目同士を合成して(主成分にして)解析に用いることが推奨される.

2.2 多群質問紙調査票のつくり方

2.2.1 調 査 計 画

多群質問紙調査の実施を計画する場合, 群の構成がとても重要である. 取りこぼしがないように調べるために質問項目数が多くなってしまう場合でも, 事前準備で群の適切な構成ができれば, 群内は相関が高く, 群間は相関の低い調査票を設計することができる.

計画段階では, 調査のテーマやそのテーマを取り上げた理由をまとめておく. 調査で用いる用語の定義についても, 最初に定義しておくことが質の高い調査につながる.

2.2.2 準備段階で用意したい 5 つの図表

調査のテーマが決まったら, そのテーマについてまずはたくさんの情報を集めてみる. 図書館での文献検索やインターネットを活用することで, 過去の情報, 世界中の情報も手に入れることができる.

その情報を整理してみることで, 新たな気づきを得られることもある. 場合によっては調査テーマを絞り込むことやテーマを変更して再度情報収集を行うようなことも起こり得る.

本節で取り上げる以下の 5 つの図表を揃えていくことで, 多くの情報が整理される. 多群質問紙調査票をつくるうえでは, 効果的に情報を整理する手段であるため, 一つずつ作成にチャレンジすることが大切である. 以後はスマートフォンを例として取り上げて具体的に説明する.

22　　　第 2 章　多群質問紙調査から施策提案までの流れとその準備

① **年　　表**

　調査の背景や視点を整理するために役立つのが年表の作成である．年表から，対象およびそれを取り巻く状況の歴史的変遷はどうであったかを把握し，できれば今後はどうなっていくかを予測してそれを年表の中に示すべきである．未来は過去と現在の延長線上にあるので良い年表は未来予測を可能にする．

　表 2.1 は携帯電話の年表例である．年代および歴史の記録をまとめ，時代名称をつけている．現在普及しているスマートフォンの満足度調査を計画する場合でも，携帯電話が普及してきた流れを汲むことで，通信サービスや付加されてきた機能についてのポイントが見えてくる．

② **概　念　図**

　概念図は，調査や研究の構造やあらましがわかるように図形やキー

表 2.1　携帯電話の年表例

時代名称	年代	ある携帯キャリアの歴史変遷
導入期	1980 年代	NTT が初のポータブル電話機「ショルダーホン」発売
		「ショルダーホン」より小型化した携帯電話機発売
普及期	1990 年代	超小型携帯電話「ムーバ」が発売
		初のデジタル方式(PDC)携帯電話開始
		着信メロディ機能搭載
		携帯電話初のショートメッセージサービス開始
		携帯電話からのインターネット接続サービス(携帯電話 IP 接続サービス)開始
成長期	2000 年～ 2006 年	初のカメラ付き携帯電話を発売
		第三世代携帯電話である W-CDMA 方式開始
		携帯電話でお買い物できる「おサイフケータイ」が登場 災害用伝言板サービスを開始
		「ワンセグ」を開始 番号ポータビリティ制度開始
移行期	2008 年	「スマートフォン」販売
	2020 年	ウェアラブル化
将来予測	2030 年	多言語シームレス化

図 2.4 携帯電話とスマートフォンの概念図の例

ワードで描いた図である．概念図を作成することで，調査対象をどのような視点で捉えているかを明確にすることができる．**図 2.4** に概念図の例を示す．

多群質問紙調査を設計する場合は，この概念図にもとづき，重要なキーワードや本質的な構造をチェックするとよい．

③ **特性要因図**

特性要因図とは，取り上げた問題点に対してその原因を洗い出し，それを樹木構造で整理した図である．特性要因図をもとに，重要と思われる要因について的を絞り，効果的に調査を行うための手法として役立てられる．

図 2.5 に総合モバイル端末としての「スマートフォンの満足度」の特性要因図の例を示す．はじめに，スマートフォンの満足度に影響すると考えられる要因を書き出し，大骨を単語で書く．その要因となるものは，単語や短文で「なぜ？」を繰り返しながら書き出していき，中骨，小骨で構成する．

この中で重要な要因は何かを吟味し，マーキングすることで，調査票をつくる際には必ず入れる質問項目を明確にすることができる．自分ひとりで作成すると抜け漏れがあるかもしれない．特性要因図を作成してみたら，他の人に見てもらい客観的な意見を聞くとよい．新たな気づきがあれば，追記や削除，要因の再構成を行うことでバージョンアップを重ねることが大事である．

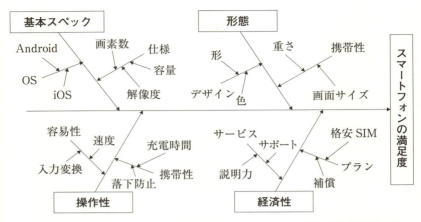

図 2.5 総合モバイル端末としての「スマートフォンの満足度」特性要因図

最初からグループで特性要因図を作成するときは，参加者が自由に意見を出し合うブレーンストーミングの方式で付箋紙に自分の考えを書き出し，その後に同じ考えの付箋紙を一つにまとめる．次に，そのグループに名前をつける．さらに，大骨・中骨・小骨の構成を検討し，最後に重要な要因となるものを選定する．

④ パ ス 図

図 2.6 は「スマートフォンの満足度調査」のパス図（因果構造の概要図）の例である．概念図の段階で因果構造が矢印で示されていればパス図を省略することができる．パス図を兼ねた概念図は便利なので多く用

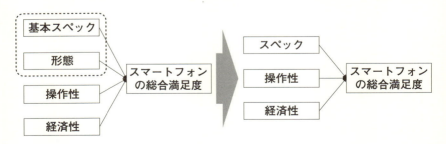

注） 基本スペックと形態を合わせてスペックとする．

図 2.6 「スマートフォンの満足度調査」のパス図の例

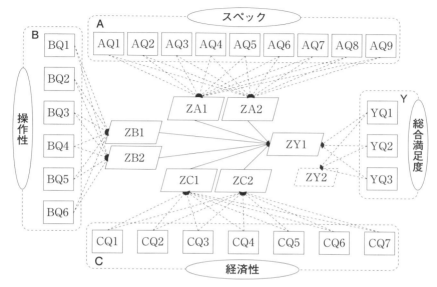

図 2.7 「スマートフォンの満足度調査」の解析模型図(準備)の例

いられている.スマートフォンの総合満足度に影響する主な要因が特性要因図では大骨で4つ考えられたが,基本スペックと形態に関連する項目は互いに相関が高いと考えられたため,群間の相関を回避するためにスペックとして一つにまとめている.

⑤ 解析模型図(準備)

このパス図をもとに作図したのが**図 2.7** の「スマートフォンの満足度調査」の解析模型図(準備)である.解析模型図は,準備段階で因果構造の本質の予想の詳細を示すものである.

2.3 調査の目的と仮説

調査で明らかにしたいこと,調査票の内容など,調査の方向性が見えてきたところで,調査の目的および調査結果の仮説を記述しておく.必ずしも仮説どおりの調査結果が得られる必要はなく,仮説をもって調査解析を行うことで,

その後の考察が充実したものになる.

目的や仮説の記述例を以下に示す.

《調査目的の記述例》
- 本調査の目的は，スマートフォンの満足度に影響を与える要因を明らかにすることである.
- 本調査の目的は，スマートフォンをよく使う人と，あまり使わない人が求める機種の特徴に違いがあることを明らかにすることである.
- 本調査の目的は，スマートフォンをよく使う人が求める機種を選抜型多群主成分回帰分析結果にもとづき提案することである.

《仮説の記述例》
- スマートフォンの満足度に最も影響を与えているのは，バッテリーの持ち時間の長さである.
- スマートフォンをよく使う人はデータの保存容量の大きさを重視し，あまり使わない人は本体機器の重量の軽さを重視する.
- スマートフォンの満足度に影響を与える要因に性差はない.

2.4 概念群と質問項目

表2.2に「スマートフォンの満足度調査」の概念群と質問項目一覧表の例を示す. このとき，同じ概念群に含まれる質問項目の相関は高く，他の群の質問項目とは相関は低くなりそうかどうかを確認する.

できればこの時点で予備調査を行ってみるとよい. 回答しにくい項目はないかどうか，他の概念群に含めるほうが良い項目ではないかなど，予備調査の結果も踏まえて調査票全体を見直すことができる.

2.5 属性（フェイスシート）項目

質問紙調査では，属性（フェイスシート）項目を用意し，回答者の属性情報も

2.5 属性(フェイスシート)項目　　　*27*

表2.2　「スマートフォンの満足度調査」の概念群と質問項目一覧表の例

A群：スペック	
AQ1	全体サイズ(幅×高さ×厚さ)
AQ2	色
AQ3	重さ
AQ4	フル充電までに必要な時間
AQ5	本体フォルダ容量
AQ6	画面サイズ(大きさ)
AQ7	カメラの画素数
AQ8	ディスプレイの解像度
AQ9	デザイン
B群：操作性	
BQ1	バッテリーの持ち時間
BQ2	データ通信速度
BQ3	新奇性(新しさ・珍しさ)
BQ4	操作性(使いやすさ)
BQ5	機能のわかりやすさ
BQ6	対応アプリの多さ

C群：経済性	
CQ1	販売店の接客対応
CQ2	販売員の説明のわかりやすさ
CQ3	契約プランのわかりやすさ
CQ4	お客さまサポート(各種手続など)
CQ5	キャンペーン(お得さ)
CQ6	経済性(安さ)
CQ7	安心・補償サービス
Y群：満足度	
YQ1	推奨度
YQ2	再利用度
YQ3	使用満足度

調査と同時に取得する．人や組織を対象とした多群質問紙調査や質問紙実験における属性情報の取得と，それによる層別は重要な意味をもつ．なぜなら，人間は一人ひとり，価値観，意思，思想，信条などが違うため，個別性が高く，分析を行う場合も回答者の傾向がすべて同じということはないからである．回答者にも似た属性の層が形成されていると考えるほうが自然である．

　層別の基盤は，対象者の特徴を示す属性分類である．従来は，主に性別・年齢・職業・国籍などの典型的なデモグラフィック属性による単純な層別を解析や設計に用いることが多かった．しかし，近年では，属性自体が多種多様になっており，サイコグラフィック属性，ライフスタイル属性，ビヘイビオラル属性，ジオグラフィック属性などの複数の属性を組み合わせた「複合的な層別」の把握が不可欠である[8]．これらの5種類の属性については **7.1.1項**「属性分類」(p.80)で詳しく解説する．

このような複合的層別を見出すためには，近年のコンピュータソフトウェア
を活用し，統計的手法を用いることが効果的な手段である．しかし，統計分類
を用いるだけでは調査対象者の回答や実験結果の類似性による分類に留まり，
解析や提案を行ううえで不十分であることも多い．そのため，統計分類に，該
当する分野の専門的知識や経験などを照らし合わせて意味づけを行うことで属
性による層別を見出し，可能な限り属性分類を提案時に考慮することが望まし
い．なお，属性情報は調査時にはとれるが，調査後にはとれないことを忘れて
はならない．

　本書では巻末の付録として，スマートフォン満足度調査のフェイスシートを
含む調査票の例を紹介する．フェイスシートを準備するうえで参考にされたい．

「評価対象」と「評価者の集団としての構成」の注意

　質問紙調査の場合，「何」を「誰」が評価しているのかに注意する必要があ
る．

　前者は「評価対象」で，後者は「評価者の集団としての構成」である．

　第1章の事例は「ビジネスホテル」で，評価対象は特定のAホテルであり，
評価者の集団はAホテルの宿泊者である．したがって，Aホテルの実情が明
らかになり，結論はAホテルに対する「個別の明確な改善策」である．

　第2章の事例は「スマートフォン」で，評価対象は個人が有するスマート
フォンであり，かつ個人が契約したサービスである．したがって，さまざまな
スマートフォンがありさまざまな契約サービスがあるために両者の組合せはた
いへん数になる．このためスマートフォンも契約サービスも特定することが
難しい．この場合には，スマートフォン全体としての「改善の方向」は示せる
が特定のスマートフォンや特定の契約サービスに関する個別の明確な改善策は
出せないことに注意する．

　しかし，フェイスシート項目を工夫してスマートフォンも契約サービスも特
定できるようにすれば，層別することによってAホテルの場合と同様に「個
別の明確な改善策」を立てることが可能になる．

ホップ

第 3 章
基本的な解析

　本章では，第 2 章で紹介した「スマートフォンの満足度調査」のデータの基本的な解析を行う．解析に用いるのは回答者 38 名分のデータである．ただし，この数は実務で行う調査としては少ないことを断っておく．

3.1　単純集計

　調査における単純集計とは，質問項目ごとに，それぞれの選択肢に何人回答したかどうかを集計したものである．表 3.1 は，設問順に回答者の人数をカウントした単純集計の表である．表 3.2 は，単純集計結果に％を付記している．

3.2　平均値と標準偏差

　スマートフォンの満足度調査において，非常に満足～非常に不満足まで 7 段階で回答してもらっているデータを量的変数として解析する場合，基本となるのが平均値と標準偏差である．表 3.3 にこの調査の平均値と標準偏差の算出例を示す．平均値は，質問ごとに回答データをすべて足し合わせて，データの数で割ると算出できる．Excel では AVERAGE 関数を使うと簡単に求めることができる．しかし，データに異常値が混じっている場合や回答の傾向に偏りがある場合は，平均値がその影響を受けるため注意が必要である．

　標準偏差はデータのばらつきを見るための指標である．Excel では STDEV 関数を使うと算出できる．標準偏差の値が大きいほど，回答データの散らばりの度合いが大きいと読み取ることができる．

第3章　基本的な解析

表3.1　単純集計の例（人数カウント）

選択肢／質問項目	1 非常に不満足	2 ←不満足→	3	4 どちらとも言えない	5 ←満足→	6	7 非常に満足	合計（人）
AQ1	0	0	0	6	11	18	3	38
AQ2	0	0	0	2	12	21	3	38
AQ3	0	0	0	4	14	19	1	38
AQ4	0	8	6	6	7	11	0	38
AQ5	0	4	6	4	11	11	2	38
AQ6	0	7	11	4	1	8	7	38
AQ7	0	9	6	12	3	4	4	38
AQ8	0	0	3	15	6	11	3	38
AQ9	0	2	1	9	6	13	7	38
BQ1	0	0	0	14	9	12	3	38
BQ2	0	0	4	5	13	14	2	38
BQ3	2	1	7	11	8	4	5	38
BQ4	0	0	1	4	15	12	6	38
BQ5	0	0	4	10	11	9	4	38
BQ6	0	1	2	9	10	12	4	38
CQ1	1	9	11	11	5	1	0	38
CQ2	2	5	10	17	2	1	1	38
CQ3	5	7	10	12	1	1	2	38
CQ4	1	8	6	18	2	1	2	38
CQ5	0	7	9	15	4	1	2	38
CQ6	0	2	2	12	15	2	5	38
CQ7	1	3	4	8	15	2	5	38
YQ1	0	0	6	5	8	14	5	38
YQ2	0	4	6	4	7	12	5	38
YQ3	0	0	1	7	21	3	6	38

3.2 平均値と標準偏差 *31*

表 3.2 単純集計結果（％付記）の例

質問項目 \ 選択肢	1 非常に不満足	2 ←不満足→	3	4 どちらとも言えない	5 ←満足→	6	7 非常に満足	合計（人）（％）
AQ1	0	0	0	6	11	18	3	38
	0.0	0.0	0.0	15.8	28.9	47.4	7.9	100.0
AQ2	0	0	0	2	12	21	3	38
	0.0	0.0	0.0	5.3	31.6	55.3	7.9	100.0
AQ3	0	0	0	4	14	19	1	38
	0.0	0.0	0.0	10.5	36.8	50.0	2.6	100.0
AQ4	0	8	6	6	7	11	0	38
	0.0	21.1	15.8	15.8	18.4	28.9	0.0	100.0
AQ5	0	4	6	4	11	11	2	38
	0.0	10.5	15.8	10.5	28.9	28.9	5.3	100.0
AQ6	0	7	11	4	1	8	7	38
	0.0	18.4	28.9	10.5	2.6	21.1	18.4	100.0
AQ7	0	9	6	12	3	4	4	38
	0.0	23.7	15.8	31.6	7.9	10.5	10.5	100.0
AQ8	0	0	3	15	6	11	3	38
	0.0	0.0	7.9	39.5	15.8	28.9	7.9	100.0
AQ9	0	2	1	9	6	13	7	38
	0.0	5.3	2.6	23.7	15.8	34.2	18.4	100.0
BQ1	0	0	0	14	9	12	3	38
	0.0	0.0	0.0	36.8	23.7	31.6	7.9	100.0
BQ2	0	0	4	5	13	14	2	38
	0.0	0.0	10.5	13.2	34.2	36.8	5.3	100.0
BQ3	2	1	7	11	8	4	5	38
	5.3	2.6	18.4	28.9	21.1	10.5	13.2	100.0
BQ4	0	0	1	4	15	12	6	38
	0.0	0.0	2.6	10.5	39.5	31.6	15.8	100.0
BQ5	0	0	4	10	11	9	4	38
	0.0	0.0	10.5	26.3	28.9	23.7	10.5	100.0
BQ6	0	1	2	9	10	12	4	38
	0.0	2.6	5.3	23.7	26.3	31.6	10.5	100.0
CQ1	1	9	11	11	5	1	0	38
	2.6	23.7	28.9	28.9	13.2	2.6	0.0	100.0
CQ2	2	5	10	17	2	1	1	38
	5.3	13.2	26.3	44.7	5.3	2.6	2.6	100.0
CQ3	5	7	10	12	1	1	2	38
	13.2	18.4	26.3	31.6	2.6	2.6	5.3	100.0
CQ4	1	8	6	18	2	1	2	38
	2.6	21.1	15.8	47.4	5.3	2.6	5.3	100.0
CQ5	0	7	9	15	4	1	2	38
	0.0	18.4	23.7	39.5	10.5	2.6	5.3	100.0
CQ6	0	2	2	12	15	2	5	38
	0.0	5.3	5.3	31.6	39.5	5.3	13.2	100.0
CQ7	1	3	4	8	15	2	5	38
	2.6	7.9	10.5	21.1	39.5	5.3	13.2	100.0
YQ1	0	0	6	5	8	14	5	38
	0.0	0.0	15.8	13.2	21.1	36.8	13.2	100.0
YQ2	0	4	6	4	7	12	5	38
	0.0	10.5	15.8	10.5	18.4	31.6	13.2	100.0
YQ3	0	0	1	7	21	3	6	38
	0.0	0.0	2.6	18.4	55.3	7.9	15.8	100.0

ホップ

第3章 基本的な解析

表3.3 平均値と標準偏差の算出例

回答者＼質問項目	AQ1	AQ2	AQ3	AQ4	AQ5	AQ6	AQ7	AQ8	AQ9	BQ1	BQ2	BQ3	BQ4	BQ5	BQ6	CQ1	CQ2	CQ3	CQ4	CQ5	CQ6	CQ7	YQ1	YQ2	YQ3
N01	7	7	7	5	7	7	7	6	6	4	5	7	7	7	6	6	7	7	7	7	7	7	7	7	7
N02	5	6	5	4	3	3	3	4	7	5	5	4	5	5	4	3	3	3	4	6	6	6	6	6	5
N03	5	5	4	2	2	3	2	3	4	5	5	3	5	4	4	5	5	3	3	3	4	4	6	6	5
N04	6	6	6	2	4	3	3	5	5	5	5	3	5	3	5	4	4	1	4	3	2	2	5	3	5
N05	5	5	5	2	2	2	3	4	4	4	4	4	4	4	4	4	4	4	4	4	4	4	4	4	4
N06	6	6	6	6	6	6	6	6	6	4	6	6	6	6	6	2	4	1	3	4	3	3	4	5	5
N07	6	7	6	5	5	7	7	7	7	5	6	2	5	3	4	3	4	4	6	5	7	7	7	7	7
N08	7	7	6	4	6	2	4	5	2	6	6	4	6	5	6	1	1	5	4	4	5	5	5	2	5
N09	6	6	6	5	3	7	2	5	6	6	6	7	7	6	5	3	2	2	2	2	4	3	6	6	5
N10	5	5	4	3	4	6	5	6	6	6	5	4	5	5	4	4	3	4	4	5	5	5	6	6	6
N11	5	5	5	4	6	6	2	6	6	7	5	7	7	6	6	5	3	1	2	2	2	3	7	5	6
N12	5	6	5	5	6	7	6	6	7	6	6	1	5	3	4	2	4	2	2	3	4	2	6	6	5
N13	6	6	6	6	6	5	3	4	4	4	6	6	6	6	3	3	3	3	4	4	5	5	5	2	5
N14	6	6	6	4	5	3	4	5	5	5	5	4	5	5	5	4	4	4	4	4	4	5	5	6	5
N15	6	6	6	3	5	4	4	4	6	6	5	6	5	5	5	4	4	4	4	4	5	5	6	6	5
N16	4	4	5	4	4	4	4	4	4	4	4	4	4	4	4	2	2	2	2	2	5	5	6	5	7
N17	6	6	6	6	6	7	7	7	7	4	5	7	6	6	7	2	2	2	2	2	7	7	7	7	7
N18	4	5	5	6	3	3	2	4	4	4	3	3	5	4	3	3	3	4	3	5	5	3	3	4	4
N19	6	6	6	5	5	6	5	6	6	6	6	5	5	6	5	6	6	5	5	6	6	6	6	6	6
N20	7	6	6	3	5	2	4	6	7	7	7	4	7	7	7	4	5	7	7	7	7	7	6	7	5
N21	5	5	4	2	2	2	3	3	2	5	4	3	3	3	2	3	3	3	3	3	4	4	3	2	3
N22	5	6	5	5	6	7	6	6	7	6	6	1	7	7	7	2	4	2	2	4	4	2	6	6	5
N23	5	5	5	2	5	2	2	5	5	5	5	5	5	5	3	3	4	4	4	4	4	5	4	4	4
N24	6	6	6	6	6	6	2	4	4	6	6	6	6	6	6	3	3	3	3	5	5	5	5	2	5
N25	6	6	6	4	5	3	4	5	5	5	4	5	5	4	4	4	4	4	3	4	4	5	5	5	5
N26	6	6	6	3	5	3	4	4	6	6	5	5	5	4	4	4	4	4	4	5	5	6	6	6	5
N27	6	6	6	6	2	4	6	6	4	6	6	4	4	4	5	5	5	5	4	4	5	5	4	4	5
N28	6	6	5	6	6	7	7	7	7	7	5	7	7	7	7	2	2	2	2	2	7	7	7	7	7
N29	4	5	5	6	3	3	2	4	5	4	3	3	6	6	6	3	3	3	4	3	5	5	3	3	4
N30	6	6	6	5	7	6	5	6	6	6	7	5	5	4	6	2	1	1	1	2	4	1	6	6	5
N31	4	4	4	2	4	4	4	4	4	4	4	4	4	4	4	2	2	2	2	2	5	5	6	5	7
N32	5	5	5	2	5	6	4	3	3	5	5	5	4	4	4	4	4	4	4	4	4	4	3	3	5
N33	5	5	5	2	2	2	3	4	4	4	4	4	5	5	4	4	4	4	4	4	4	4	4	4	5
N34	6	6	6	6	6	6	6	6	6	4	6	6	6	6	6	2	4	1	3	4	3	3	4	5	5
N35	6	6	6	3	5	4	4	4	6	6	5	5	5	4	4	4	4	4	4	5	5	6	6	6	5
N36	4	5	5	6	3	3	2	4	4	4	3	3	5	5	6	3	3	3	4	3	5	5	3	3	4
N37	4	5	5	6	3	3	2	4	5	4	3	3	6	6	6	3	3	3	4	3	5	5	3	3	4
N38	6	6	6	3	5	3	4	4	6	6	6	5	6	5	5	4	4	4	4	5	5	6	6	6	5
平均値	5.47	5.66	5.45	4.18	4.66	4.34	3.97	4.89	5.26	5.11	5.13	4.42	5.47	4.97	5.11	3.34	3.50	3.21	3.61	3.71	4.74	4.55	5.18	4.84	5.16
標準偏差	0.86	0.71	0.72	1.54	1.46	1.88	1.62	1.16	1.37	1.01	1.07	1.57	0.98	1.17	1.20	1.15	1.20	1.49	1.33	1.27	1.25	1.48	1.29	1.60	1.00

3.3 グラフ

単純集計結果や平均値をグラフ化することで，回答データの特徴を把握しやすくなる．図3.1は，スマートフォンの満足度調査におけるAQ1に関してその選択肢ごとの回答人数を棒グラフにしたものである．

同設問の選択肢ごとの回答割合(％)を円グラフ化すると図3.2のようになる．AQ1ではスマートフォンの全体サイズ(幅・高さ・厚さ)の満足度について訊ねており，それに対しては8割強の回答者が満足傾向にあることが，これらのグラフで確認できる．

図3.3では，A群の平均値をレーダーチャートで表示している．この図から，スペックの中ではAQ4とAQ7の満足度が，他と比べてやや低いことがわかる．

3.4　1変量の分布と要約統計量

統計ソフトのJMPで1変量の分布を確認すると，ヒストグラムによるデータの分布や要約統計量を瞬時に把握できる(図3.4)．また，JMPの分析→カテゴリカル機能を用いれば，平均値の並べ替えが可能なため，スマートフォンの

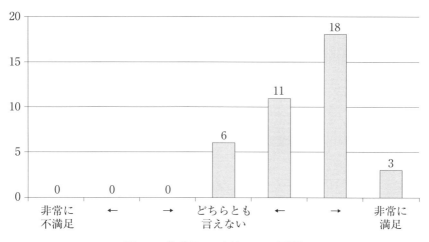

図3.1　棒グラフの例（AQ1の回答）

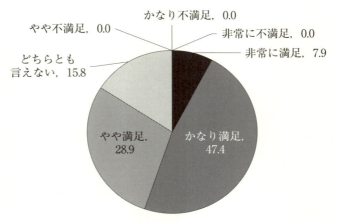

図 3.2　円グラフの例（AQ1 の回答）

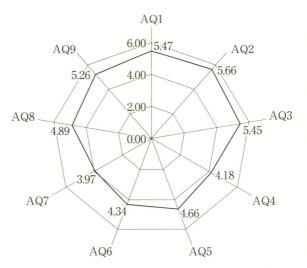

図 3.3　レーダーチャートの例（A 群の各質問の平均値）

3.4 1変量の分布と要約統計量　　35

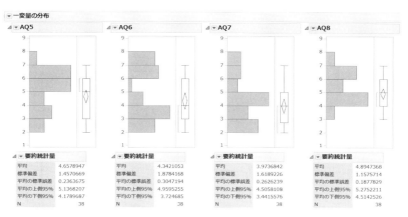

図 3.4　JMP による 1 変量の分布と要約統計量の算出例

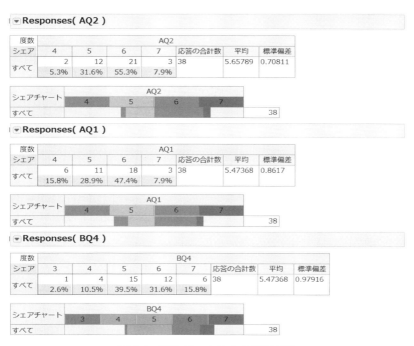

図 3.5　平均値：上位 3 の質問項目

第 3 章 基本的な解析

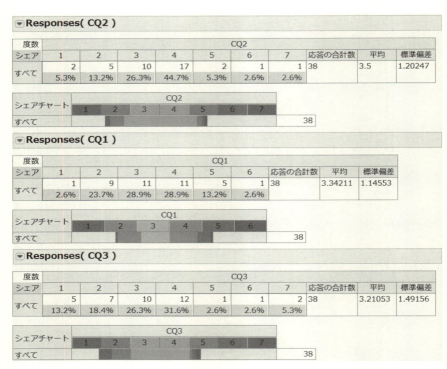

図 3.6　平均値：下位 3 の質問項目

満足度調査における平均値の上位(図 3.5)と下位(図 3.6)の 3 設問の比較も容易である．

　このように基本的な解析を行って情報を得ることは重要である．しかし，本書はこの先の多変量を扱うことに焦点を合わせているので，基本的な解析の詳細については割愛する．

第 4 章
多群質問紙調査の解析手法

4.1 調査および解析[*]の歴史的変遷

歴史的に見ると，量的・質的な社会調査の発展には，Burgess[9] や Lazarsfeld[10]，またその協力者たちの貢献が大きいとされる．過去には量的調査と質的調査の分化や学派による対立などもあったが，これらの折衷法の提案[11] や質的なデータを計量的に分析する手法[12] を提案した文献も見られる．近年，社会学的な調査手法として，質問紙を活用した量的調査や質的調査は一般的であり，現在では量的調査と質的調査は基本的に相互補完的で両立可能とする見方が有力である[13]．

定量解析の関連研究には，取得したデータの解析時に生じる多重共線性を回避するための方法論や解析時の予測精度の検証を行ったものが多い．吉川ら[14] は，この多重共線性の問題に対処するための複雑な手法は，一般の統計モデルの意図する「単純性」やオッカムの剃刀の視点からは必ずしも適切ではないことを指摘している．オッカムの剃刀（ケチの原理ともいわれる）とは，ある事柄を説明するために，必要以上に多くを仮定するべきではないという原理であり，統計モデルに当てはめると，欲張って複雑なモデルを想定しても与えられたデータが十分でなければかえって信頼できないモデルしか得られない[15] ことを指す．モデルを複雑化せず，多重共線性を回避する手段としては，

---

*英語の "analysis" を漢字で書く場合には「解析」と「分析」の2つが混在している．これを象徴する一つの文章は，「多変量解析の代表的なものに回帰分析と主成分分析がある」である．両者の使い分けを明確に示すルールはないために各分野で慣習的な使い方をしている．ゆえに，本書もできるだけ慣習的な使い方を参考にしてそれに準ずる．このため，時には表記された漢字に違和感を覚えるケースがあるかもしれないが，その際は "analysis" という英語であると理解されたい．

主成分回帰を用いる方法やリッジ回帰[16]分析がある[17].

　質問紙調査法に関する研究には，量的調査の解析における統計的方法論の検討だけでなく，質的調査や特に近年，テキストマイニングを対象にしたものが多く見られる．本書は，多群よりなる質問項目を用いた調査手法や多群質問紙調査の量的な解析手法について新しいアプローチを提案するとともに解説することを目的としている．具体的には，一般の方々にもわかりやすく，活用しやすい選抜型多群主成分回帰の活用を推奨する．

4.2　多変量解析の発展

　現在の調査解析には，多変量解析の諸技法や第二世代の多変量解析[18]といわれる SEM(Structural Equation Modeling：構造方程式モデリング)が広く用いられている．多変量解析とは，簡単にいえば，複数個の変量に関する多変量データを分析するための統計的な諸概念，諸方法，ならびにそれらに関連する統計理論の総称である[19].

　柳井・岩坪[20]は，多変量データ解析とは，事象そのもの，またはその事象の背後にあると想定される要因の多元的測定から，①事象の簡潔な記述と情報の圧縮(次元の縮小)，②事象の背後にある潜在因子の探索，③事象に対する複数の要因の総合化などを目的とする統計的手法の総称であるとし，分析に用いるデータは必ずしも量的データである必要はなく，この意味で④質的データの数量化に関する手法も多変量データ解析において主要な役割を果たすものであるとしている．

　統計学の源流から，多変量解析の発展の歴史を表 4.1 にまとめた．多変量解析の諸理論は，19 世紀末に Galton や Pearson によって確立された 2 変量間の相関係数の概念[21]を基本として，20 世紀に入って以降も Fisher[22]や Anderson[23]らの数理統計学者たちによって，1 変量から多変量への理論拡張が進展した．

　1950 年代頃から，Rao[25]らによって多変量解析を解説した書籍が刊行されるようになり，日本では 1960 年代以降，浅野・塩谷[26]や芝[27]らの書物が出版された．1970 年代以降，諸外国で多変量解析全般を扱う多くの書籍が流通す

4.2 多変量解析の発展   *39*

表4.1 多変量解析の発展の歴史

年代	研究者	主な出来事	時代名称
1600年代	Pascal & Fermat	仏：確率論	統計学の源流
	Graunt	英：『死亡表に関する自然的政治的諸観察』(1662)	
	Conring	独：「国状学」講座設立(1660)	
1700年代	Petty	英：『政治算術』(1679)	
	徳川吉宗	日：人口調査(1721)	
	Achenwall	独：統計学；Statistik を命名(1748)	

年代	研究者	多変量解析に関する主な理論	理論要約
19世紀後半	Galton	相関・回帰の概念確率	2変量間の相関係数概念基礎
	Pearson	相関係数(積率相関係数)	
20世紀前半	Fisher	回帰係数，偏回帰係数，重相関係数に関する有意性検定，正準判別法	1変量から多変量理論への拡張
	Hotelling	統計量の多変量への拡張，主成分・正準相関分析法の開発	
	Mahalanobis	マハラノビス距離，クラスタリングなどの統計分類への応用	
20世紀後半	Rao	判別関数の係数および付加情報に関する有意性検定	
	Anderson	因子分析モデルに関する推測理論	
	Joreskog	検証的因子分析，因子分析の因果関係	第二世代の多変量解析 SEM への発展

出所）　柳井・岩坪[20]，柳井[24]を参考に筆者らが作成.

るようになった．1980年代以降は，パーソナルコンピュータの普及に伴い，統計プログラムや統計ソフトウェアの解説書も発行されるようになった．

　近年は，統計的グラフィックスの方法が多変量解析の各手法にも利用されている．視覚的にわかりやすいグラフ的表示は急速に普及し，1990年代の後半にはグラフィカルモデルの解説書[28]も見られるようになった．現在，日本に

おける多変量解析は，統計的データ解析の手法として，経済・経営学，社会学，心理学，工学，医学などの幅広い領域で活用されており，それぞれの分野で応用研究が報告されている．また，研究領域だけでなく，企業においてもビッグデータの解析など，データサイエンスが注目されている中，今後も多変量解析を応用した統計的アプローチの発展が期待される．

4.3　本書で活用する多変量解析

多群質問紙の解析には多変量解析を用いることが多い．藤越・柳井[19]によれば，多変量解析の方法は，事象そのもの，またはその事象の背後にあると想定される要因の多元的測定から，

① 事象の簡潔な記述と情報の圧縮（次元の縮小）
② 事象の背後にある潜在因子の探索
③ 事象に対する複雑な要因の総合化

などを目的とする統計的手法の総称とされる．

柳井・岩坪[20]を参考とした目的による多変量解析の分類を図4.1に示す．多変量解析は，まず外的基準があるか・ないかという分析目的の違いによって大きく2つに分けることができる．本書では，多変量解析の中でも，変数の合成を目的とした主成分分析，および予測を目的とした重回帰分析を群というくくりのもとで変数を仕分けしたうえで組み合わせて解析に用いる．主成分分析は，複数の量的な説明変数がある場合，これを少数の総合指標（合成変数）で表す目的で用いられ，多変量データ解析における最も基本的な次元縮小の方法である[19]．重回帰分析は，複数の説明変数から一つの目的変数を推定する目的で使用される．

4.3.1　重回帰分析

単回帰分析と重回帰分析の構図を図4.2と図4.3に，重回帰分析モデルを図4.4に示す．重回帰分析は，結果に対する原因や要因を推測するため，一つの目的変数を複数の説明変数で予測しようというものである．重回帰分析は多変量解析の基本的な手法であり，表計算ソフトとして普及しているExcelなどを

4.3 本書で活用する多変量解析

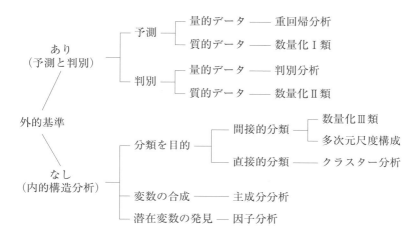

出所) 柳井・岩坪[20]を参考に筆者らが作成.

図 4.1 目的による多変量解析の分類

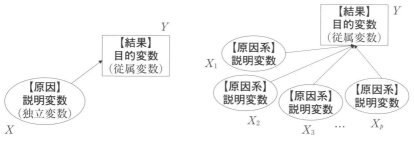

図 4.2 単回帰分析の構図　　図 4.3 重回帰分析の構図

用いて企業においても分析を手軽に行うことができる.

しかし, **図 4.4(1)** のように多群質問項目をすべてそのまま説明変数とすると, 多重共線性の問題が生じる可能性が高いため, 解析時には注意が必要である. もし, この問題が生じた場合はそれを回避する手段を講じなければならない. 本書は**図 4.4(2)** のように多群主成分回帰分析を用いてこの問題を回避している.

第4章 多群質問紙調査の解析手法

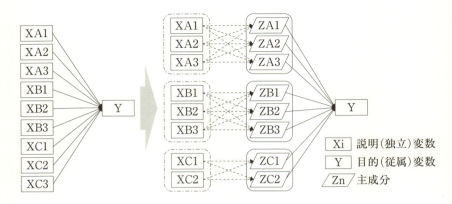

(1) 重回帰分析モデル　　(2) 群分割主成分回帰モデル

図4.4　重回帰分析モデル

重回帰分析を行った際に VIF(Variance Inflation Factor：分散拡大係数)を確認し，目安として VIF が 2.0 以下であればこの解析方法を適用し，考察を行う．もし，VIF が 2.0 を超えていれば別の解析アプローチを検討する．

(1) 回帰方程式

重回帰分析を行うと，回帰方程式(結果といくつかの原因を結ぶ関係式)が明らかになる．統計ソフトの JMP では，「あてはめの要約」により重回帰分析を実行し，その結果は回帰方程式ではなく「予測式」として得られる．

回帰方程式は，以下のような式で表される．この関係式ができることで，結果に大きな影響を与えている原因がわかるようになり，結果を予測したり，原因を制御したりすることが可能になる．

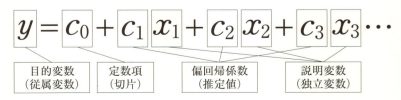

(2) 偏回帰係数と標準偏回帰係数

偏回帰係数(推定値)は，データの測定単位によって大きさが変わるものである．例えば，身長のデータを m から cm に変えて分析した結果を比較すると，偏回帰係数(推定値)は 100 分の 1 になる．標準偏回帰係数(標準 β)は，偏回帰係数の大きさが測定単位とばらつきによって左右されないようにしたものである．目的変数 y と説明変数 x の関係の強さ，影響度合いを比較するときは標準偏回帰係数(標準 β)を用いればこの問題を回避することができる．

選抜型多群主成分回帰分析の場合は，群間は主成分のもととなる変数が異なっているので，全体をとおして影響力の度合いを比較するために標準変回帰係数に注目するとよい．

(3) 寄与率 R^2 と自由度調整 R^2

寄与率 R^2 は回帰方程式(予測式)の説明力(説明の程度)を表す指標であり，これは説明力が高いほど 1 に近づき，低いほど 0 に近づく値をとる．式で表すと，以下のようになる．寄与率 R^2 が 0.1 を下回ったときは，目的変数と説明変数はほぼ無関係と結論づけてもよいだろう．

$$0 \leqq R^2 \leqq 1$$

ところで，寄与率 R^2 は説明変数の個数が増えるほど単調に値が大きくなるという困った特徴をもっている．このため，寄与率 R^2 を高くするには全部の変数を取り入れればよいことになる．しかし，多数の変数の中には無意味な変数があるのでその混入は避けたい．この目的にあったものは自由度調整 R^2(自由度調整済み寄与率ともいう)で表される．もし無意味な変数を採用したならば自由度調整 R^2 は下がるので適切な変数の選択が可能になる．したがって，寄与率を確認するときには必ず自由度調整 R^2 の値を確認しなければならない．

4.3.2 主成分分析

主成分分析とは，元の変数を合成して，新しい総合特性(統計的には互いに独立した成分)をつくり出すことである．

- 互いに相関のある多数の変数を少数の成分(総合特性)に要約・集約したい．

44　　　　　　　　　第4章　多群質問紙調査の解析手法

- 新しい総合特性(合成変数)によって，元の変数と違う視点で評価したい.
- 似た者同士を分類したい.

という場面で主成分分析を活用できる.

主成分分析を行うには，以下に示す2つのことが必要である.

① 複数の項目があり，数値データで現されていること.

② 複数の項目間に相関関係があること(無関係の項目を総合的にまとめることはできない).

例として，高校生12名の学力テストの結果(図4.5)の主成分分析を，JMPで行ってみる．その結果の固有値を図4.6に示す．主成分分析で求められる主成分の数は，元の変数の個数と一致する．つまり，国語，英語，数学，理科の4科目(4変数)の主成分分析を行った場合，主成分1(第一主成分)〜主成分4(第四主成分)まで4つの主成分が抽出される.

図4.6では，番号が主成分に対応している(番号1が第一主成分〜番号4が第四主成分)．もともと4つの変数があり，それらを統合(合成)して新たな変数をつくろうとするとき，再び新たな4つの変数を採用して解析に用いるのでは主成分分析を行う意味がない．よって，主成分分析を行った場合は，どの主

No.	国語	英語	数学	理科
1	115	68	80	51
2	121	58	84	43
3	104	72	116	61
4	136	66	102	60
5	92	67	85	35
6	125	71	93	42
7	99	57	88	49
8	73	45	63	30
9	111	55	78	45
10	140	80	95	55
11	86	38	98	46
12	105	54	82	40

図 4.5　例：高校生 12 名の学力テストの結果

4.3　本書で活用する多変量解析　　　45

固有値				
番号	固有値	寄与率	20 40 60 80	累積寄与率
1	2.7373	68.432		68.432
2	0.7984	19.960		88.392
3	0.3198	7.996		96.388
4	0.1445	3.612		100.000

図 4.6　主成分分析結果：固有値

成分を以降の解析に用いるかを判断する必要がある．以下，主成分分析を用い
るうえで重要な用語について説明する．

(1)　固　有　値

すべての主成分の固有値の平均値は 1.0 である．それゆえに，もし主成分の
固有値が 1.0 を超えている場合にはもともとの（合成前の）1 変数よりもその主
成分はパワーがあるということになる．逆に 1.0 に比べてかなり小さければそ
のような主成分は無視しても大勢に影響がないということができる．したがっ
て，ごく一部の主成分が 1.0 よりもだいぶ大きくて，残りの多くの主成分が 1.0
よりかなり小さければ，多数の変数を 1.0 より大きな一部の主成分で要約・集
約ができることを意味している．

固有値は採用する主成分の打ち切りの判断に利用することができる．この例
題では，「固有値 2.7 の第一主成分と，固有値 1.0 以下ではあるが第三主成分以
降と比べると格段のパワーをもっている固有値 0.8 の第二主成分までを以降の
分析に用いる」というように判断する．

(2)　寄　与　率

寄与率はその固有値が単独で全体の情報のどれくらいの割合（率）の情報を
もっているかを意味している．つまり寄与率が大きい場合は，分析対象の質問
項目で十分であるということを意味している．逆に，寄与率が大きくならない
場合は，分析対象の質問項目では不十分であると考えられる．

(3) 累積寄与率

累積寄与率は，1番目から○番目までの主成分によって，元のデータの情報全体の何パーセントまでが説明できるかという比率である．この指標も採用する主成分の打ち切り（主成分全体のうち何番目までを分析結果として採用するか）に利用することができる．

この例題では，「累積寄与率が70％以上とすれば第一主成分だけを採用すればよく，累積寄与率が90％以上とすれば第一主成分と第二主成分を採用すればよい」というように判断する．

(4) 因子負荷量図

因子負荷量とは各変数と主成分との相関係数なのでその値は−1.0と1.0の範囲となる．したがって，因子負荷量には半径1.0の円を描くことが多い．この図で多数の変数間の関係や主成分の意味を把握することが可能になる．

図4.7は，例題の主成分分析結果の因子負荷量図に軸の解釈を加えたものである．成分1が第一主成分，成分2が第二主成分の軸であり，これらの2軸は

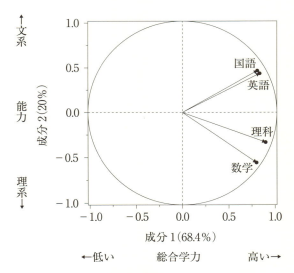

図4.7 主成分分析結果：因子負荷量図

4.3 本書で活用する多変量解析 *47*

情報の重複がなく，直交している．すなわち，主成分同士は互いに独立の関係にあり，これも主成分の特徴といえる．

　主成分分析結果の数値データより因子負荷量図を見ながらのほうが，軸の解釈を行いやすい．一般的に第一主成分は総合力・パワー（サイズファクター），第二主成分は型・タイプ（シェイプファクター）を意味する場合が多い．

（5）　主成分分析の種類

主成分分析には，どのデータから出発するかで以下の2種類の方法がある．

　①　相関行列から出発する主成分分析：標準化スコアに適用する主成分分析

　　　身長（cm）と体重（kg）のように単位が異なる場合は，相関行列から出発する主成分分析を使う．実務では，これを用いる場合が圧倒的に多い．本書で行っている主成分分析も相関行列から出発したものである．

　②　分散共分散行列から出発する主成分分析：得られたデータそのものに適用する主成分分析

　　　身長（cm）と腹囲（cm）のように，単位が同じであってもデータのばらつきの大きさは同じであるとは限らない場合や，ばらつきの大きさを解析結果に反映させたい場合はこちらの解析手法を適用する．

（6）　主成分の採用基準

主成分の採用基準としては，以下の3点が挙げられる．

　①　相関行列から出発する主成分分析においては，固有値が1.0以上のものを採用する．

　②　累積寄与率が50％〜70％以上になるように第一主成分から順次取り上げる．

　③　固有値が大きく減少する直前の主成分までを取り上げる．スクリープロットの例（**図4.8**）では，第二主成分までを取り上げると判断できる．

4.3.3　従来の主成分回帰分析

多群よりなる質問紙調査やオンライン調査では，群内の質問項目間に高い相

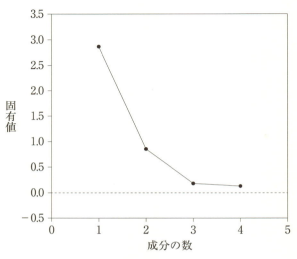

図 4.8　スクリープロットの例

関関係が存在している．さらにそれが複数の群において見られる．このようなとき，すべての説明変数候補を用いて主成分データを抽出し，それらの主成分と目的変数とで重回帰分析を行うことが，多重共線性を回避するために有効な手法の一つと考えられる．なぜなら，すべての主成分はすべて独立の関係となるからである．これは，従来の主成分回帰分析(図 4.9)と呼ばれる方法である．

しかし主成分は，外的基準(目的変数 Y のこと)なしに，複数の変数が合成された特性値であり，目的変数とは無関係に説明変数の候補のみが要約されたものである．その結果として，目的変数をよく説明する主成分とそうではないものが混在してしまうことが起こり得る．

この場合，従来の主成分回帰分析による解析結果において，上位の主成分が選択されず，下位の主成分が影響の強い変数として選択されることもある．また，下位の主成分はその意味を解釈することが困難であるため，こうなると解析によって十分な実態把握ができない可能性が生じる．そうなってしまうと，解析結果にもとづく有効な提案ができなくなってしまう．有効な提案のためには，目的変数 Y との相関のないあるいは低い変数は役に立たないだけでなく解析を大きく混乱させるものなので排除すべきである．

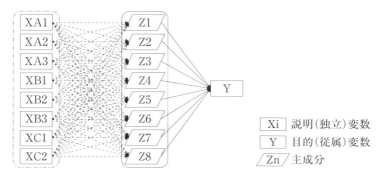

図 4.9　従来の主成分回帰分析モデル

4.4　選抜型多群主成分回帰分析

従来からある主成分回帰分析に残された課題をクリアできる手法が選抜型多群主成分回帰分析である．選抜型多群主成分回帰分析のモデルを図 4.10 に示す．解析の手順は，第 1 章のホテルの事例で行った解析ステップと同様である．

step 1　結果系の質問項目の主成分分析

目的変数となる質問項目は複数となる場合が多いのでそれらの主成分分析を行い，注目する主成分を取り上げ，これを目的変数に設定する．このとき，Y 群（目的変数の群）の主成分分析結果の第一主成分を【ZY1】として保存する．

step 2　原因系の質問項目の選抜

【ZY1】と各質問項目【XA1 〜 XC2】の相関を確認する．相関の低い項目（影響の少ない項目）を分析から除外し，相関の高い項目を選抜して，以降の分析に用いる．図 4.10 で色付けされた説明変数が選抜された質問項目である．

step 3　概念群ごとの主成分分析

すべての群ごとに選抜された質問項目の主成分分析を行い，原則として，第一主成分と第二主成分を保存する．また固有値が 1.0 を超えている主成分があれば，第三主成分以降であっても保存する．

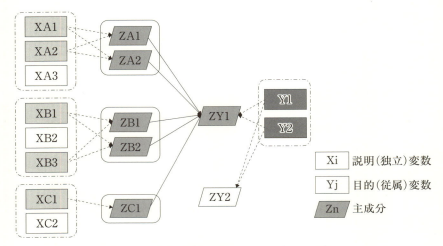

図 4.10 選抜型多群主成分回帰分析のモデル

step 4 選抜型多群主成分回帰分析
選抜型多群主成分回帰分析を行う．

step 5 重要な質問項目の確認と考察
step 4により選択された主成分同士の VIF(Variance Inflation Factor：分散拡大係数)を確認し，2.0を超えている変数がなければベクトルを用いた考察を行う．もし，VIFが2.0を超えていれば群の構成がおかしいことを示唆しているので，群の再構成を行った後に，選抜型多群主成分回帰分析を行う．

なお，群の再構成については **7.2節**「群の再構成」で詳しく解説している．

これらの解析ステップを実行することで，多群質問紙調査票において取得したデータから提案の方向性を導き出すことができる．また，この手法は質問項目数の多いアンケート調査で生じやすい多重共線性の問題を回避することも可能である．

第5章

「スマートフォンの満足度調査」の解析

本章では，多群質問紙調査として計画された「スマートフォンの満足度調査」の解析から設計（施策提案）までの事例を紹介する．調査の事前準備で用意した質問紙調査を実施した後，選抜型多群主成分回帰分析によって解析を行えば，解析結果にもとづく提案を導き出すことができる．

本事例の解析では，スマートフォンで「漫画をよく読む人」と「漫画をあまり読まない人」に最初から層を分けて分析を行う．漫画をよく読む人がスマートフォンのヘビーユーザーであり，漫画をあまり読まない人はスマートフォンライトユーザーではないかと考えられる．そのため，満足度の原因となる項目や満足度を高めるポイントに違いがあるのではないかという仮説を立てた．

5.1 多群質問紙「スマートフォンの満足度調査」の質問項目

5.1.1 結果系の項目

何かの満足度を調べる場合，いきなり1項目で満足度を把握することは困難である．できればいくつかの側面から質問したい．しかし，そうすると，複数の側面から聞いた複数種類の満足度の間には当然のことながら相関が存在する．

ここで大切なことは，質問間に相関が存在していても重要な側面を外してはならないということである．相関が高いといっても，まったく同じことを聞かない限りは相関係数が1.0（完全に同じである）ということはあり得ない．複数種類の満足度の間に相関があってもそれは主成分分析で整理を行えばよい．

5.1.2 原因系の項目

本格的な調査の場合には原因系の質問項目の数はたいへん多いので，最初にマクロ的視点で群を構成する．そのうえで，群ごとに具体的な質問項目を複数用意する．この場合も複数の質問の間には相関が存在するが，それは主成分で整理するので気にせずに，むしろ重要な質問を落とさないことを心がけたい．

しかし，同じ群内で質問間に相関があっても（あるほうが自然），群が異なる質問間に高い相関があることは可能な限り避けなければならない．もし群間の質問に高い相関がある場合は，群の分け方に問題があると考えるべきである．

ときには，事前（調査の設計段階）には群間の質問間の相関は低いと考えていたにもかかわらず，事後（調査後の解析段階）に高い相関が現れることがある．その場合には，事後に群の再構成をする必要がある．しかし，本章では基本的アプローチを説明することが目的なので，群の構成がうまくできていることを前提に解析を進める．これから解析に用いる**図5.1**のデータは，**付録2**に掲載している「スマートフォンの満足度調査」の調査票で取得したものである．なお，このデータは前掲の表3.3のデータにフェイスシート項目（回答者属性）F1〜F19を加えたものである．

5.2 入力データのチェック

質問紙調査票でアンケート調査を行った場合，回収した調査票には必ずすべてにナンバーを振る．Excelに入力用のシートを作成したうえで，ナンバリングした番号と回答を入力していく．**図5.1**にExcel入力シート参考例を示す．

入力の途中で欠損値のあるデータやすべて同じ番号で回答しているものを見つけたら，分析から除外するかどうかを判断する．これらの問題があるデータを解析に含めると，解析結果に歪みが生じることが懸念される．解析の途中で気づいて分析から外すことにした調査票が出てくると番号が欠番になるが，解析には支障がないので欠番として気にせず入力を続けてかまわない．

すべて入力を終えたら，1変量の分布や要約統計量を確認することで，異常なデータに気づくことがある．より良い解析結果を得るためには，しっかり

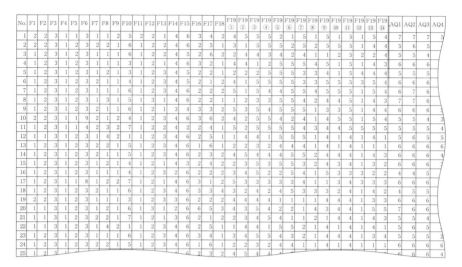

図 5.1　Excel 入力シート参考例(一部)

データチェック(データのクリーニングともいう)を行うべきである.

5.3　「漫画をよく読む人」の選抜型多群主成分回帰分析

漫画をよく読む人 18 名の分析手順を以下に示す.

5.3.1　step 1　結果系の質問項目の主成分分析

最初に目的変数を設定するための主成分分析を行う.以下の 3 項目の主成分分析結果を図 5.2 に示す.

　　YQ1「現在,主に使っている機種は,同世代の友人にもお勧めできる」
　　YQ2「現在,主に使っている機種を失くしたら,再度,同一機種を選ぶ」
　　YQ3「現在,主に使っているスマートフォンの総合満足度」

満足度に関する上記 3 項目の主成分分析を行った結果,成分 1 = 第一主成分で 78%を説明していることが明らかになった.よって,第一主成分を ZY1(主成分を示すアルファベットとして Z,目的変数を表すため Y,第一主成分であ

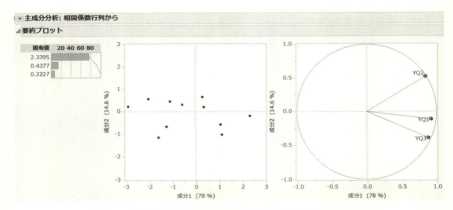

図 5.2　「漫画をよく読む」目的変数の主成分分析結果

るため数字の 1 を組み合わせた）として，目的変数に設定した．

本書では，分析に統計ソフト JMP を用いる．統計ソフトを使用することで，簡単かつ視覚的に分析結果を参照できる．しかし，統計ソフトが手元にない場合は，Excel で分析を行うことも可能である．Excel での分析手法は巻末に**付録 1** として示している．なお，**図 5.2** の左側に主成分得点図を示している．これは回答者の主成分得点の散布図で，これから回答者に関する情報がとれるので併記している．

5.3.2　step 2　原因系の質問項目の選抜

次に，目的変数として設定した ZY1 と各質問項目の相関を確認する．このときの選抜基準に絶対的なものはない．事例ごとに相応しい選抜基準は異なる．

表 5.1 のように ZY1 とすべての質問項目との相関係数の表を作成して検討を行い，本事例では選抜基準を｜0.3｜（絶対値 0.3）とした．さらに，重要な質問項目が除外されていないかという専門的検討も加味して，選抜する項目の最終判断を行った．その結果，B 群からは 1 項目も選抜されなかった．

相関｜0.3｜以上の質問項目を選抜すると，15 項目が分析から除外された．同時に，相関｜0.3｜以上の項目が 7 項目選抜されたことになるが，これはこれらの項目が単独で ZY1 を説明する寄与率が $(0.3)^2$ すなわち 9% 以上の関係に

5.3 「漫画をよく読む人」の選抜型多群主成分回帰分析　　　55

表 5.1 「漫画をよく読む」相関係数の高い質問項目の選抜

	ZY1				ZY1	
ZY1	1			ZY1	1	
AQ1	0.18			BQ1	0.14	
AQ2	0.19			BQ2	0.25	
AQ3	0.15			BQ3	0.24	操作性
AQ4	0.11			BQ4	0.28	
AQ5	0.34	スペック		BQ5	0.22	
AQ6	0.67			BQ6	0.25	
AQ7	0.57			CQ1	0.19	
AQ8	0.54			CQ2	0.22	
AQ9	0.64			CQ3	0.12	
				CQ4	0.11	経済性
				CQ5	0.11	
				CQ6	0.48	
				CQ7	0.46	

あるということである.

5.3.3　step 3　概念群ごとの主成分分析

各群で選抜された質問項目を用い，主成分分析を行う．A 群の主成分分析結果を**図 5.3**，C 群の主成分分析結果を**図 5.4** に示す．

いずれの群も原則として，主成分分析結果の第一主成分と第二主成分を保存し，以降の解析に用いる．もし，第三主成分以降に，固有値 1.0 を超える主成分があればその主成分までを保存し，解析に用いる．しかし本事例では，これに該当する下位の主成分はなかった．

5.3.4　step 4　選抜型多群主成分回帰分析

各群の主成分分析結果により保存された第一主成分と第二主成分を説明変数として，選抜型多群主成分回帰分析を行う．その結果を**図 5.5** に示す．このときの自由度調整 R^2 は 0.52 であり，モデルの当てはまりはまずまずである．

次に選抜型主成分回帰分析の結果，選択された主成分の VIF を確認した．いずれの VIF も 1.0 に近い数値を示しており，選択された変数間はほぼ独立の

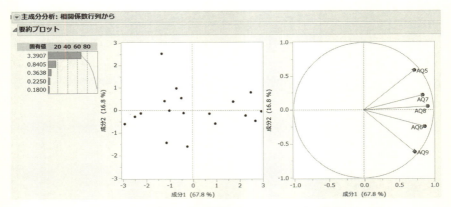

図 5.3 「漫画をよく読む」A 群の主成分分析結果

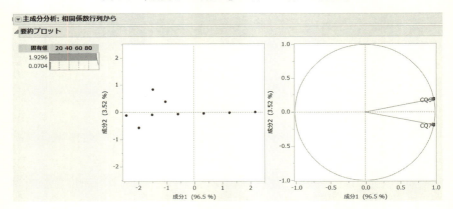

図 5.4 「漫画をよく読む」C 群の主成分分析結果

関係にあることが明らかになった．よって，この結果を採択し，選択された主成分の偏回帰係数(推定値)を用いてベクトルによる考察を行う．

5.3.5 step 5 重要な質問項目の確認と考察

重要な質問項目の具体的な内容の確認に際しては表 2.2 を参照されたい．

step 4 の結果において，1 つの群から第一主成分と第二主成分が選択されている場合，合成ベクトルを作図し，考察を行うことができる．事例では A 群

5.3 「漫画をよく読む人」の選抜型多群主成分回帰分析　　　57

あてはめの要約

R2乗	0.606767
自由度調整R2乗	0.522503
誤差の標準偏差(RMSE)	1.056936
Yの平均	-3.5e-16
オブザベーション(または重みの合計)	18

分散分析

要因	自由度	平方和	平均平方	F値
モデル	3	24.132277	8.04409	7.2008
誤差	14	15.639595	1.11711	p値(Prob>F)
全体(修正済み)	17	39.771872		0.0037*

パラメータ推定値

項	推定値	標準誤差	t値	p値(Prob>|t|)	標準β	VIF
切片	-6.17e-18	0.249122	-0.00	1.0000	0	.
ZA1	0.4763335	0.14634	3.25	0.0058*	0.573444	1.1050134
ZA2	-0.447181	0.280643	-1.59	0.1334	-0.26804	1.0074107
ZC1	0.3580416	0.194637	1.84	0.0871	0.325165	1.112424

図5.5　「漫画をよく読む」選抜型多群主成分回帰分析結果

（スペック）の合成ベクトルを作図した（**図5.6**）．A群では第一主成分の推定値0.48と第二主成分の同 -0.45 を，これらの数値の比率を保ち，因子負荷量図上にベクトルとして示した後，これらの合成ベクトルを作図する．このとき，どちらか一つのベクトルより合成したベクトルのほうが，目的変数に総合的に強い影響を与えると考えられる．

　既に **1.2.5 項**で説明したように，作図した合成ベクトルに射影する線（垂線）を引き，主成分軸が交わる中心点からの距離の絶対値が最大の位置にある質問項目が，目的変数に対して重要な質問項目である．調査結果から「AQ9 デザイン」と「AQ6 画面サイズ」，C 群（経済性）では「CQ6 経済性（安さ）」と「CQ7 安心・補償サービス」が重要であることを確認できた．

5.3.6 「漫画をよく読む人」の提案の方向性

　重要項目の 1 変量の分布（**図5.7**）を確認すると，AQ9（デザイン）の平均値が7 点満点の 5.3 点であり，最も上げしろ（向上できる余地・可能性）が少なく，

第5章 「スマートフォンの満足度調査」の解析

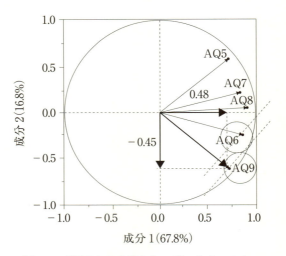

図 5.6 「漫画をよく読む」A 群の合成ベクトル

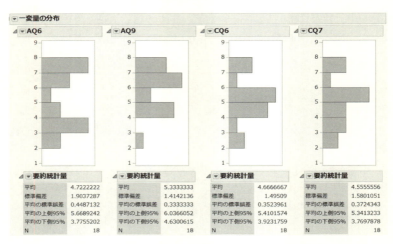

図 5.7 「漫画をよく読む」重要項目の1変量の分布

このことから現レベルを維持する施策の検討が必要である．
　その他はいずれも平均値が4点台であり，上げしろがあると考えられる．よって，上げるための提案を検討することができる．

(1) ベクトル上の重要項目の検討パターン（上げしろと下げしろ）

重要項目（重要な質問項目）が明らかになってもそれに対する対応は慎重に検討しなければならない．このとき，これらのベクトルに上げしろまたは下げしろが，それぞれ，ありかなしを最初に確認する．まず，どの程度，上げしろまたは下げしろがあるかどうかを判断するため，ベクトル上に射影した場合に影響が大きいと考えられる重要な質問項目の1変量の分布を参照する．ベクトル上の重要項目の検討パターンは**表5.2**のように整理することができる．

ベクトルが正の場合に回答の平均値が低ければ，上げしろがあると判断できるため，それを上げるための施策を検討することができる．逆にベクトルが負の場合に回答の値が高ければ，下げしろがあると判断できるため，下げるための施策が考えられる．また，逆に，上げしろや下げしろがなかった場合は，今の状態をキープしなければ目的変数の値を下げてしまうため，現状を維持するための施策を検討しておく必要がある．

しかし，標準偏回帰係数の絶対値が大きい場合でも，影響のある質問項目の意味を考え，特に何も施策を実行しない場合もあり得る．何もしない場合においては，その状態を3つのパターンに分けて検討することができる．1つ目は現状をそのまま維持したほうが良いと判断できるとき，「見守る」という形で何もしない場合である．2つ目は，しばらくは経過を観察するという意味で「ニュートラル（中立）」に何もしない場合である．3つ目は，改善したいがそうすることで他の問題（副作用）を招くリスクがある．逆効果になると想定できるとき，「容認」という形で何もしない場合である．

表5.2　ベクトル上の重要項目の検討パターン

①符号が正の場合	上げしろがある：上げるための施策を検討
	上げしろがない：状態を維持する施策を検討
②符号が負の場合	下げしろがある：下げるための施策を検討
	下げしろがない：状態を維持する施策を検討
何もしない場合	(1)見守り：ポジティブに何もしない
	(2)把握・経過観察：ニュートラルに何もしない
	(3)容認：ネガティブに何もしない

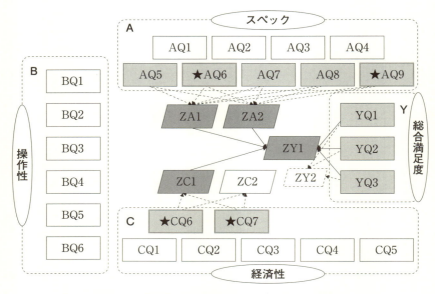

図 5.8 「漫画をよく読む」の構造模型図(結果)

(2) 構造模型図による全体の可視化

構造模型図は複雑な因果関係を明快に表す方法として有用である．図 5.8 はこれまでの経過を可視化した形で整理している．3 つの質問で聞いた満足度は第一主成分に要約され，原因系の群ではスペックの群と経済性の群が効いており，最終的には★印付きの 4 つの質問項目が選抜されたことがわかる．

主成分分析においては主成分の読み解きが不可欠である．しかし，多群主成分回帰分析では主成分の読み解きまで行うことが望ましいがそれは不可欠なものではない．実際に手を打つのは質問項目に対してだからである．

5.4 「漫画をあまり読まない人」の選抜型多群主成分回帰分析

本節では「漫画をあまり読まない人」14 名の選抜型多群主成分回帰分析を行う．ただし，解析の手順は前節の「漫画をよく読む人」と同様であるため，説明は割愛し，結果のみを示す（図 5.9 〜 5.12，表 5.3）．

5.4 「漫画をあまり読まない人」の選抜型多群主成分回帰分析

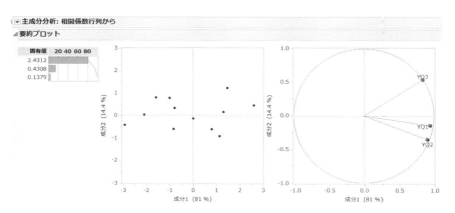

図 5.9 「漫画をあまり読まない」目的変数の主成分分析結果

表 5.3 「漫画をあまり読まない」相関係数の高い質問項目の選抜

	ZY1			ZY1				ZY1	
ZY1	1		ZY1	1			ZY1	1	
AQ1	0.39		BQ1	0.57			CQ1	-0.16	
AQ2	0.33		BQ2	0.50			CQ2	0.00	
AQ3	0.25		BQ3	0.31	操作性		CQ3	-0.01	
AQ4	0.18		BQ4	0.48			CQ4	-0.14	経済性
AQ5	0.56	スペック	BQ5	0.38			CQ5	-0.07	
AQ6	0.43		BQ6	0.54			CQ6	0.58	
AQ7	0.75						CQ7	0.25	
AQ8	0.71								
AQ9	0.73								

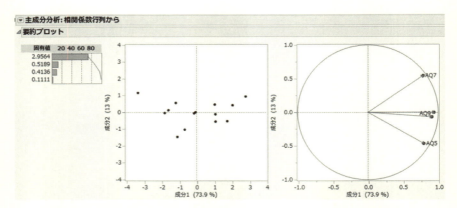

図 5.10 「漫画をあまり読まない」A 群（スペック）の主成分分析結果

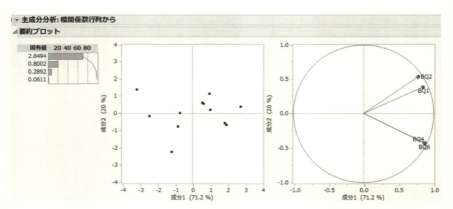

図 5.11 「漫画をあまり読まない」B 群（機能性）の主成分分析結果

あてはめの要約

R2乗	0.701425
自由度調整R2乗	0.647139
誤差の標準偏差(RMSE)	0.926223
Yの平均	2.38e-16
オブザベーション(または重みの合計)	14

分散分析

要因	自由度	平方和	平均平方	F値
モデル	2	22.169266	11.0846	12.9208
誤差	11	9.436775	0.8579	p値(Prob>F)
全体(修正済み)	13	31.606041		0.0013*

パラメータ推定値

項	推定値	標準誤差	t値	p値(Prob>|t|)	標準β	VIF
切片	4.758e-16	0.247543	0.00	1.0000	0	.
ZA1	0.6155463	0.166652	3.69	0.0035*	0.678774	1.2442014
ZC1	0.4283481	0.286543	1.49	0.1631	0.274716	1.2442014

図 5.12 「漫画をあまり読まない」選抜型多群主成分回帰分析結果

考察と構造模型図による全体の可視化

　ZA1(A 群の第一主成分)と ZC1(C 群の第一主成分)の標準偏回帰係数を比較し，ZA1 のほうが目的変数に対して影響が強いことを確認した．ここでは A 群の因子負荷量図に第一主成分のベクトルを作図(**図 5.13**)した．A 群では第一主成分のベクトル上にある，AQ8「ディスプレイの解像度」と AQ9「デザイン」が重要な質問項目であることが明らかになった．

　なお，**図 5.14** はこれまでのものを整理して可視化したものである．

5.5　解析結果にもとづく提案の方向性

　選抜型多群主成分回帰分析を用いた結果から，漫画をよく読む人は，「デザイン」や「経済性(安さ)」が，一方，漫画をあまり読まない人は，「ディスプレイの解像度」や「デザイン」が，総合満足度に影響していた．そこで提案の

64　第 5 章　「スマートフォンの満足度調査」の解析

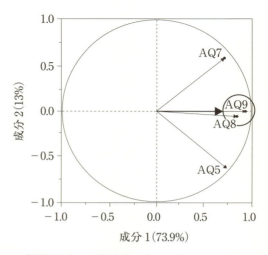

図 5.13　「漫画をあまり読まない」A 群（スペック）のベクトル

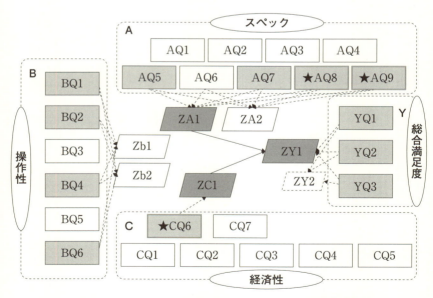

図 5.14　「漫画をあまり読まない」の構造模型図（結果）

5.5 解析結果にもとづく提案の方向性

方向性としては，スマートフォンで漫画をよく読む人向けは，お得感・お値打ち感のあるサービスを付加したスタイリッシュな機種の開発，漫画をあまり読まない人向けは，画面の見やすさや撮影など普段使いに便利なシンプルな機種の開発が望ましいと考えられる．

　しかしながら，上記の発案は調査データにもとづいているとはいえ，これらは新たな仮説である．これを確かめるために次の**第6章**では質問紙実験を行う．

基本的な解析と発展的な解析

　基本的な解析とは1変量のことを意味し，発展的な解析は多変量の解析を意味する．多変量のデータがあった場合に，まずはそれらを1変量ずつの視点でていねいに見ていくことが重要である．しかし，その先に多変量の解析を行う必要がある．両者を併用し有機的に扱うことで，取りこぼしがなくかつ全体に目配りのきいた解析が可能になるのである．

　木を見て森を見ずという諺があるが，これはデータ解析においては1変量の解析にとどまり，多変量の解析に至らない場合のことを意味する．多変量の解析はその知識と技法と支援ソフトの3つが揃わなければできないので，どれかが欠けると実施することができない．本書は多変量の解析の知識と技法を提供するものである．ただし，多変量の解析は幅が広く奥行きもあり高さもかなり高いものである．本書はそのごく一部について視覚的に解説するものである．数理的な解説は極力避けているので，それに強い関心のある読者は他書を読まれたい．

　逆に，森を見て木を見ずという諺も考えられる．これはデータ解析においては，多変量の解析ばかりに目がいき1変量の解析をないがしろにする場合である．地に足がついていないデータ解析ということになり，思わぬところで足をすくわれる危険がある．明らかな異常値は1変量の解析の段階で取り除くことができる場合が多い．しかし，それをスキップしたために異常値を見過ごすと，その異常値が多変量の解析の段階で致命的な悪さをすることが少なくない．

　上記のことをまとめると次のようになる．質問紙の調査と実験においては虫の目（虫瞰：低高度の視点）と鳥の目（鳥瞰：高高度の視点）を併用したマルチ画面の視点が不可欠である．いずれかに偏ったりはせずに，両者をバランスして併用すべきなのである．

第 6 章

「スマートフォンの満足度調査」の解析結果にもとづく質問紙実験

ステップ

本章では，多群質問紙調査結果にもとづく質問紙実験について解説する．説明に用いる事例は，ここでも一貫してスマートフォンの例である．

質問紙実験の準備として，最初に，実験に用いる項目（実験で評価される項目）の吟味を行う．その際に 2 つの層を念頭に置くことが重要である．

《デザイン》
① 背面のデザイン：ほとんどの人はスマホカバーを取り付けてしまうので，あまり関係がない．
② 側面のデザイン：どちらの層も「使いやすさ」を重視していないので，スイッチの形状や位置などは，あまり関係がない．
③ 表面のデザイン：表面のほとんどをディスプレイが占めており，画面の大きさでデザインは必然的に決まる．
⇒よって，デザインの本質は「画面の大きさ」と考え，因子に加える．

《経済性》
① 一度投資したスマートフォンは，長期に使うほうが経済的である．今回の調査では変動費であるデータ料金，通話料金を考慮しない．
② スマートフォンを長期に使えないリスクは，破損，紛失，バッテリーが痛むことである．これらに対応する補償サービスのコストとサービスのバランスは経済性に直結するものである．
⇒よって，「補償パック」を因子に加える．

68 第 6 章 「スマートフォンの満足度調査」の解析結果にもとづく質問紙実験

《画面》
- 画面の要素は大きさと解像度
- 一般的に画面の大きさと解像度は比例関係にある(つまり,画面が大きいほど解像度が高い傾向)ので,「画面の大きさ」に絞って考慮する.

⇒よって,「画面の大きさ」を因子に加える.

《ディスプレイの解像度》
① 一般に高解像度の機種は大容量のメモリーが必要である.
② ①の理由でメモリーの容量をディスプレイ解像度の機能の代用特性とする.

⇒よって,「メモリーの容量」を因子に加える.

吟味の結果,「画面の大きさ」,「補償パック」,「メモリーの容量」について,より具体的な提案となるよう以下の手順で実験を行い,その結果にもとづき,理想なスマートフォンを設計(提案)する.

step 1 因子と水準の設定
step 2 プロファイルカードの作成
step 3 実験の実施
step 4 データの解析
step 5 アイディアの設計

6.1 因子と水準の設定

仮想実験は質問紙による実験の形式で行う.質問紙実験の因子は解析結果にもとづく検討から表 6.1 のように X1「容量」,X2「画面」,X3「補償パック」の 3 つを設定した.このときの水準は最小と最大の定量の数値を用意する.

定性データではなく,定量で質問紙実験の水準を設定することで,より詳細で具体的な提案を導き出せる可能性が高まる.

$$6.2 \quad プロファイルカードの作成 \qquad 69$$

表 6.1　因子と水準

(1)　直交表 L_8

因子　＼　No.	[1]	[2]	[3]	[4]	[5]	[6]	[7]
1	1	1	1	1	1	1	1
2	1	1	1	2	2	2	2
3	1	2	2	1	1	2	2
4	1	2	2	2	2	1	1
5	2	1	2	1	2	1	2
6	2	1	2	2	1	2	1
7	2	2	1	1	2	2	1
8	2	2	1	2	1	1	2

(2)　因子と水準

因子		第一水準	第二水準
X1　容量　　　→[1]		32GB	256GB
X2　画面　　　→[2]		4.5 インチ	5.5 インチ
X3　補償パック→[3]		3 パック	5 パック

注)　2015 年時点での実験.

ステップ

6.2　プロファイルカードの作成

6.2.1　直交表の作成

　本事例では L_8 の直交表を用いる（**表 6.2**）．また，本実験ではスマートフォンの総合満足度に影響の強い因子の主効果と交互作用を確認する．このとき，回答者の認識の違いを減らすため，**表 6.3** のようにプロファイルカードで用いる用語の説明を加えるとよい．

6.2.2　プロファイルカードの準備と並べ替えの手順

　L_8 直交表の計画にもとづき 8 枚のプロファイルカードを作成する（**図 6.1**）．プロファイルカードは，イラストなどを入れ，視覚的にわかりやすく表示するよう工夫する．

　質問紙実験のプロファイルカードの並べ替え手順は，文章にまとめて配付すると同時に，実験のファシリテーターが回答者を集めて実験を行う場で説明することが望ましい（p.71 の「【**参考例**】評価実験の手順」を参照）．

　並べ替えるカードが多いと，回答者への負担が大きくなる．これを軽減するために，最初に 3 つのグループに分けて並べ替えを行う方法（**図 6.2**）を回答者に助言する．そのために以下のような配付資料を用意するとよい．

70 第6章 「スマートフォンの満足度調査」の解析結果にもとづく質問紙実験

表6.2 直交表

No	X1 容量	（容量価格）	X2 画面	X3 補償パック	（保証価格）
1	32	85,000	4.5	3	500
2	32	85,000	4.5	5	700
3	32	85,000	5.5	3	500
4	32	85,000	5.5	5	700
5	256	100,000	4.5	3	500
6	256	100,000	4.5	5	700
7	256	100,000	5.5	3	500
8	256	100,000	5.5	5	700

No	容量	（容量価格）	画面	補償パック	（保証価格）
1	32GB	（85,000 円）	4.5 インチ	3 サービス	（500 円）
2	32GB	（85,000 円）	4.5 インチ	5 サービス	（700 円）
3	32GB	（85,000 円）	5.5 インチ	3 サービス	（500 円）
4	32GB	（85,000 円）	5.5 インチ	5 サービス	（700 円）
5	256GB	（100,000 円）	4.5 インチ	3 サービス	（500 円）
6	256GB	（100,000 円）	4.5 インチ	5 サービス	（700 円）
7	256GB	（100,000 円）	5.5 インチ	3 サービス	（500 円）
8	256GB	（100,000 円）	5.5 インチ	5 サービス	（700 円）

表6.3 スマートフォンについての評価実験（用語説明）

因子（項目）	第 1 水準（選択肢）	第 2 水準（選択肢）
画面の大きさ	4.5 インチ	5.5 インチ
4.5 インチ（5.6cm×9.94cm），5.5 インチ（6.85cm×12.15cm）		
ストレージ容量：データを保存するための容量	32GB：85,000 円	256GB：100,000 円
32GB：電話や SNS，ネット閲覧，メールで十分という方にはおすすめの容量 256GB：大量の動画を撮る，多くの曲を入れる方に最適な容量		
補償サービスパック	3 パック：月額 500 円	5 パック：月額 700 円
①故障補償，②破損補償，③盗難・紛失補償，④水漏れ・全損交換割引，⑤電池パック無料から 3 ～ 5 つサービス選択		

6.2 プロファイルカードの作成

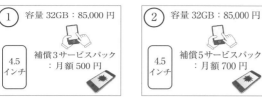

図 6.1 プロファイルカード

【参考例】評価実験の手順

実験の目的は，8枚のカードに順位をつけていただくことです．以下の手順は比較的ご負担をかけない方法を示していますが，あくまでも参考で必ずしもこれに従う必要はありません．

(ア) 8枚のカードを次の3つのグループに分けてください．
①良い(＋)関心が高いグループ，②どちらともいえないグループ，
③良くない(－)，関心が低いグループ(1グループ：2～3枚ずつ)

(イ) それぞれのグループでよいと思う順にカードを並べ替えてください．

(ウ) ①グループの下位1枚のカードと②グループの上位1枚のカードの並び順，②グループの下位1枚のカードと③グループの上位1枚

のカードの並び順を検討してください．順位が入れ替わるならカードを入れ替えてください．
(エ) 8枚のカードは関心が高い順に並んでいるかどうか確認してください．
(オ) 1位～8位まで，回答用紙にカードの記号を記入してください．

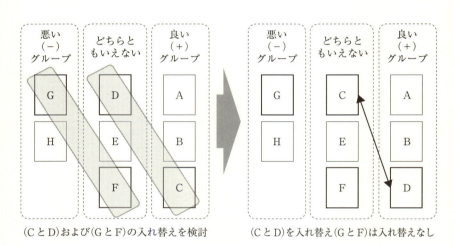

図 6.2 並べ替えの方法

6.2.3 実験の実施

1位～8位まで順位付けたカードの番号を，次のように順位の後ろにカード記号を記入できるようにした回答欄を用意してそこに記入してもらう．

　　　1位(No. ___)，2位(No. ___)，…，8位(No. ___)

同じカードの記号が複数記入されているなど，回答の信頼性が低いと判断できる場合は，その回答者のデータを分析から除外する．

6.3 データ解析

本実験では，プロファイルカードの順位を得点に変換（1位→8点，2位→7点…8位→1点）したうえで各カードの平均値を算出して解析に用いる．なお，紹介する事例のデータ数は，2つの層とも10名である．ただし，実務の場合には結果の信頼性を高めるために被験者の人数を増やしたほうがよい．

6.3.1 重回帰分析

目的変数に満足度得点，説明変数に各因子とその交互作用（積項）を確認できるよう設定を行い，ステップワイズ法による当てはめの要約（重回帰分析）を行った．その結果を図 6.3 と図 6.4 に示す．

重回帰分析の結果，標準偏回帰係数（標準 β）を確認すると，漫画をよく読む層では画面の大きさが最も重要（符号は＋）であり，次いで容量の大きさが重要（符号は＋）であった．一方，漫画をあまり読まない層では容量の大きさが最も重要（符号は－）であり，次いで画面の大きさが重要（符号は＋）であった．またこの層では，容量と画面サイズには交互作用（符号は－）が見られた．注意すべきことは，容量に関しては符号が異なっている（真逆である）ということである．これは設計の際に微妙な問題（「あちら立てれば，こちらが立たぬ」というトレードオフの問題）となる．複数の層が存在する場合にはしばしばこの種の問題を抱えることになる．

なお，この実験は直交実験なので *VIF* は必ず 1.0 になる．これらは図 6.3 と図 6.4 で確認することができる．これは解析を行ったり，設計をするうえでたいへん優れた性質である．

ちなみに，この重回帰分析のデータは以下のものである．

漫画をよく読む人 10 人がプロファイルカード①～⑧に回答したときの平均値

　① 2.2，② 2.1，③ 6.1，④ 5.9，⑤ 2.8，⑥ 2.9，⑦ 6.8，
　⑧ 7.2

漫画をあまり読まない人 10 人がプロファイルカード①～⑧に回答したときの平均値

74   第6章 「スマートフォンの満足度調査」の解析結果にもとづく質問紙実験

あてはめの要約

R2乗	0.995387
自由度調整R2乗	0.993542
誤差の標準偏差(RMSE)	0.176068
Yの平均	4.5
オブザベーション(または重みの合計)	8

分散分析

要因	自由度	平方和	平均平方	F値
モデル	2	33.445000	16.7225	539.4355
誤差	5	0.155000	0.0310	p値(Prob>F)
全体(修正済み)	7	33.600000		<.0001*

パラメータ推定値

項	推定値	標準誤差	t値	p値(Prob>|t|)	標準β	VIF
切片	-16.04643	0.630699	-25.44	<.0001*	0	.
X1容量	0.0037946	0.000556	6.83	0.0010*	0.207379	1
X2画面	4	0.124499	32.13	<.0001*	0.9759	1

図6.3　漫画をよく読む人の重回帰分析結果

あてはめの要約

R2乗	0.998276
自由度調整R2乗	0.996983
誤差の標準偏差(RMSE)	0.122474
Yの平均	4.5
オブザベーション(または重みの合計)	8

分散分析

要因	自由度	平方和	平均平方	F値
モデル	3	34.740000	11.5800	772.0000
誤差	4	0.060000	0.0150	p値(Prob>F)
全体(修正済み)	7	34.800000		<.0001*

パラメータ推定値

項	推定値	標準誤差	t値	p値(Prob>|t|)	標準β	VIF
切片	5.0714286	0.438719	11.56	0.0003*	0	.
X1容量	-0.017857	0.000387	-46.19	<.0001*	-0.95893	1
X2画面	0.4	0.086603	4.62	0.0099*	0.095893	1
(X1容量-144)*(X2画面-5)	-0.009821	0.000773	-12.70	0.0002*	-0.2637	1

図6.4　漫画をあまり読まない人の重回帰分析結果

① 5.9, ② 5.6, ③ 7.3, ④ 7.2, ⑤ 2.8, ⑥ 2.9, ⑦ 2.2,
⑧ 2.1

6.3.2 得られた式の検討

重回帰分析の結果，得られた式は層によって異なる．それぞれの式は以下のとおりである．
漫画をよく読む人の場合

$$y = -16.04643 + 0.0037946x_1 + 4x_2$$

漫画をあまり読まない人の場合

$$y = 5.0714286 - 0.017857x_1 + 0.4x_2 - 0.009821(x_1 - 144)(x_2 - 5)$$

これらの式から，どちらの層とも X2 の画面は大きいほうが良いと読み取ることができる．漫画をよく読む人はその要求が強く，漫画をあまり読まない人はそれほど強くはないという異なった特徴はあるが，画面の大きさについては最も大きいサイズ（5.5 インチ）で決定となる．

しかし，X1 の容量については層による差が大きく，傾向は真逆である．したがって，施策を設計する場合には慎重な検討が必要である．もし，それぞれの層ごとに提案を考えるのであれば以下のように異なった施策となる．

- 漫画をよく読む人の場合の容量：256GB
- 漫画をあまり読まない人の容量：32GB

仮に，容量を 256GB にすると各層の満足度は以下のようになる．

- 漫画をよく読む層：6.925
- 漫画をあまり読まない層：2.15

このとき両者の差は大きく，漫画をあまり読まない人たちの満足度はかなり低いといえる．このためこの条件を統一の施策として採用することはできない．

これに対し，仮に容量を 32GB にすると各層の満足度は以下のようになる．

- 漫画をよく読む層：6.075
- 漫画をあまり読まない層：7.25

このときの両者の差は比較的小さく，漫画をよく読む人にも受け入れられそうである．よって，統一の施策を検討する場合には，容量を 32GB にすることが一つの選択肢となり得る．

6.4 提案施策の設計

漫画をよく読む人は，スマートフォン自体をよく使うヘビーユーザーであることから，その他のアプリやゲーム，音楽などを楽しむうえで大容量であるほうが望ましく，結果として大容量のほうがお得感を感じられるプランであると考えられる．漫画をあまり読まない人は，スマートフォンではなく従来の携帯電話でもよいという人も含まれている可能性がある．こちらの層では，スマートフォンの多機能は求めず，容量も最小限でコストを抑えられることを希望していると推測できる．

6.3.2 項で得られた式の検討から，スマートフォンの容量を統一する場合は最小容量の 32GB とし，オプションで容量を増やせるプランを用意することができるとよい．すなわち，スマートフォンの開発と販売の戦略においては，ヘビーユーザーとそうではない人がそれぞれ選択できるよう，どちらも経済性やお得感が感じられるプランを設計することが望ましいといえる．

6.5 確認調査

多群質問紙調査および質問紙実験にもとづくアイディアの設計ができたら，一番の理想は，そのアイデアが商品化されることである．しかし，商品化の前に，確認調査を行うことでアイデアがスマートフォンのユーザーに本当に受け入れられるかどうか見極めることができる．

図 6.5 に確認調査の例を示す．確認調査では，アイデアの設計にもとづくスマートフォンについて，いくつかの視点で評価してもらうとよい．[A]，[B]，[C]，[D] のように，段階を踏んで質問項目を用意すれば，例えば「このスマートフォンに興味はもってもらっているが，すぐに購入には至らないレベルである」という確認もできる．もし，確認調査の結果，そもそも興味をもってもらえないような結果であれば，もう一度，調査や実験を見直してやり直すこともできる．多群質問紙調査⇒質問紙実験⇒確認調査を行うことで，設計(提案)につながる統計的アプローチの有用性が高まることになる．

6.5　確認調査　　　　　　　　　　　　　　　　　　77

　以下のスマートフォンの評価について，**最も当てはまる番号を1つ選び○を**付けてください．

```
┌──────────┐
│          │
│   5.5    │      容量：××GB（XXXXX 円）
│  インチ   │      ※本体は好きな色を選べます．
│          │
└──────────┘
```

［A］上記のスマートフォンに興味がある．
　　1．そう思う　　　　　　　2．ややそう思う　　　3．どちらともいえない
　　4．あまりそう思わない　　5．そう思わない

［B］上記のスマートフォンを使ってみたい．
　　1．そう思う　　　　　　　2．ややそう思う　　　3．どちらともいえない
　　4．あまりそう思わない　　5．そう思わない

［C］上記のスマートフォンを，いま使っているスマートフォンが古くなったら
　　購入したい．
　　1．そう思う　　　　　　　2．ややそう思う　　　3．どちらともいえない
　　4．あまりそう思わない　　5．そう思わない

［D］上記のスマートフォンをすぐにでも購入したい．
　　1．そう思う　　　　　　　2．ややそう思う　　　3．どちらともいえない
　　4．あまりそう思わない　　5．そう思わない

　スマートフォンに関する確認調査は以上です．
　ご回答いただいた用紙を提出前にもう一度，**記入漏れがないか**どうかご確認ください．ご協力ありがとうございました．

図6.5　「スマートフォン」の確認調査の例

☕ コーヒーブレイク

質問紙実験とコンジョイント分析

　本書で質問紙実験(質問紙を用いた仮想実験)と呼んでいるものと，マーケティング分野でよく用いられるコンジョイント分析の関係について明らかにしておきたい．コンジョイント分析の多くは以下の特徴をもっている．

　①　主効果のみを取り上げて交互作用・積項を無視する．

　②　水準はカテゴリカルに(因子を質的因子として)扱う．

　③　層による違いを考慮した総合的設計を行わない．

　つまり主効果のみを考慮した計画でとったデータにもとづいた数量化Ｉ類による設計である．①はこれを考慮した最適計画を立てればよいし，②は工夫して計量化すればよいし，③は多目的最適化を用いればよい．これは最適計画でとったデータにもとづいた多目的最適化による設計ということができる．それは工学における自然科学実験と変わりがない．ただし，人間を相手に質問紙を用いて仮想的に(イメージの中で)行われる心理的実験なので本書では質問紙実験と呼んでいる．

第 7 章
実務で使うための準備

第 1 章から第 6 章までは，調査解析の基本と選抜型多群主成分回帰分析の考え方，進め方について説明した．ここまでは説明のわかりやすさを重視し，ビジネスホテルやスマートフォンの満足度調査というシンプルな例を用いた．

本章から最終章までは実践や応用の事例を紹介する．本章では，実務で使うための準備として，「層別分類」と「群の再構成」について解説する．本章で示す予備知識をもつことで，第 8 章以降の市場調査(マーケティングリサーチ)やインターネットを活用したオンライン調査の実践例も理解しやすくなる．

7.1 質問紙調査と質問紙実験における分類

人や組織を対象とした調査や実験において，対象者(回答者や被験者)はみなそれぞれの個性がある．そのため，対象者が同じ層(母集団)であるとして扱うことは大きなリスクを伴う．スマートフォンの事例で紹介したように真逆の傾向をもった人々が混在している可能性も考えなければならない．ゆえに，対象者を的確に分類して解析や設計を行う必要がある．

対象者を分ける場合は次の 2 点が重要である．1 点目は，対象となる人数が多いときには階層的な構造を有すると考えられること．2 点目は，属性による分類と回答の類似性による分類であるクラスタリングを組み合わせて層別に用いることである．

層別の基盤は対象者の特徴を示す属性分類である．デモグラフィック属性，サイコグラフィック属性，ライフスタイル属性，ビヘイビオラル属性，ジオグラフィック属性などの複数の属性を組み合わせた「複合的な層別」を見出すためには，近年の統計ソフトを用いた統計的手法を用いることが効果的な手段で

ある．この手法には，クラスター分析，潜在クラス分析，回帰木(量的)・分類木(質的)などがあり，これらにもとづく分類が統計分類である．

しかし，統計分類を用いるだけでは調査対象者の回答や実験結果の類似性による分類に留まり，解析や設計を行ううえで不十分であることも多い．その場合，統計分類の結果に専門的知識や経験などの固有技術を照らし合わせて意味づけを行うことで，属性による層別を見出すことが望ましい．

7.1.1 属性分類

回答者の特徴を示すものを属性という．属性は質問紙の先頭の頁(顔)に置かれることが多いので質問紙調査や質問紙実験においてフェイスシート項目とも呼ばれる．人や組織を対象とした質問紙調査や質問紙実験では，あらかじめフェイスシートで解析や施策設計に必要な属性情報を得られるようにすることが重要な意味をもつ．

ここでは，代表的な5つの属性分類を挙げる．

① **デモグラフィック属性(人口統計学的属性)**

性別，年齢，居住地域，収入，職業，学歴など，その人がもつ人口統計学的な属性を表す．

② **サイコグラフィック属性(心理学的属性)**

個人の性格，関心領域，知能など，人間の心理的特性を描き出す属性を表す．

③ **ライフスタイル属性(生活様式的属性)**

個人の日々の生活の仕方，時間，お金の使い方，物の買い方など，ライフスタイルに焦点を当てた属性を表す．

④ **ビヘイビオラル属性(行動学的属性)**

人々の行動特性(実店舗購入／ネット購入，まとめ買い／その都度買い，など)にもとづく属性を表す．

⑤ **ジオグラフィック属性(地理学的属性)**

出身地や居住地，勤務地などの属性を表す．

7.1.2 統 計 分 類

次に，統計ソフトを活用した統計的手法である3種の統計分類，クラスター分析，潜在クラス分析，回帰木・分類木について整理する．

（1） クラスター分析

クラスター分析とは，集団を分割して似たような人や物をグループにくくるための方法である．クラスター分析の手法は，小さいクラスターをしだいに統合するツリー図を描く階層的手法と，あらかじめクラスター数を指定して集団を分割し，その最適化を図る非階層的手法に分かれる．

質問紙調査や質問紙実験では，フェイスシート項目で層別するのが一般的である．しかし，時には属性による傾向差が見られず，それが解析や施策設計に役立たないこともある．その場合，統計的手法の一つであるクラスター分析を用いるとよい．

フェイスシート項目による分類は単純明快なクラスターであることが多く，これはあくまでも層別の手がかりとなるものである．しかし，込み入った複雑な層が混在している可能性がある場合にクラスター分析を行うと，それを解きほぐすきっかけを得ることができる．

（2） 潜在クラス分析

潜在クラス分析は，マーケティングにおける顧客や製品のセグメンテーションなどのサンプルの分類に活用できる統計的手法である．カテゴリ変数間の関係をカテゴリカルな因子で説明する手法であり，導き出したサンプルごとのカテゴリカルな因子の値をグループとみなし，クラスター分析のような分類を行う．潜在クラス分析は量的変数と質的変数の両方を分析対象とすることができる点が，量的変数のみを対象とする因子分析やクラスター分析との違いである．また分類の評価を統計的に行うことができるという特徴をもつ．

1970年代半ばの Goodman[29] や Haberman[30] による研究により，潜在クラスモデルの最尤推定値を求めるアルゴリズムが定式化され，その方法，モデリング，そして応用研究は大きく前進した[31]．藤原ら[32] は，従来，社会科学で用

いられている概念は直接観察し測定することが困難とされるため，直接観察可能な変数を用いて間接的に概念を測定することが試みられてきたことを指摘し，その手法である因子分析は概念が連続変数として表現されるため，それをカテゴリとして測定・抽出したい場合には不向きであり，潜在クラス分析の利用が勧められるとしている．

(3)　回帰木・分類木

回帰木とは，分類ルールを木構造で表したものである．分類したいデータを目的変数（従属変数），分類するために用いるデータを説明変数（独立変数）に設定して分析を行う．回帰木は目的変数が連続尺度の量的データの場合であるが，目的変数が名義尺度の質的データの場合は分類木と呼ばれる．

回帰木や分類木は，判別分析やロジスティック回帰分析と併用されることが多い．また，その特徴はデータの特徴を視覚的に確認できることである．なお，回帰木と分類木は合わせて決定木と称される．

7.1.3　上位の分類と下位の分類

人や組織を対象とした質問紙調査や質問紙実験において用いる分類を，上位と下位の階層に分けて整理すると，以下の4つの組合せになる．

①　**上位の分類：属性→下位の分類：属性**

母集団の特性を把握する場合，上位の分類においては属性（例えば性別による男性・女性）の違いが明らかであり，さらに下位の分類でも属性（例えば男性は出身地，女性は年代）によって傾向に差があることを捉えられるケースがこのパターンにあたる．下位の分類においても属性を明らかにできれば，質問紙調査や質問紙実験の結果にもとづき，より具体的に対象者の属性を踏まえた提案を行うことができる．

②　**上位の分類：属性→下位の分類：クラスター**

上位の分類においては属性による特徴を捉えることができたが，下位の分類においては対象者の回答傾向によって分けられたクラスターによる分類を用いるパターンである．

人や組織を対象とした質問紙調査や質問紙実験の場合，それほど多く

7.1　質問紙調査と質問紙実験における分類　　　83

ない母集団であれば，あえて属性を明らかにしないケースもあり得る．なぜなら，属性を明らかにすることで個人を特定できる可能性があり，それを回避するためである．特に機微な情報を扱う領域においては，常に調査対象者や実験被験者のプライバシーに配慮する必要がある．

③　**上位の分類：クラスター→下位の分類：属性**

　　上位の分類で属性による傾向を捉えられず，対象者の回答傾向による分類であるクラスターが明らかになり，そのクラスターにおいて属性分類を行うケースは稀であると考えられる．しかし，ビッグデータを扱う場合，また近年の複雑化・ボーダレス化した人を対象とする調査において，以前よりもこのパターンが増えていく可能性は高い．

④　**上位の分類：クラスター→下位の分類：クラスター**

　　上位の分類・下位の分類ともに属性が把握できず，回答による傾向で分けたクラスターを用いる場合，その後の具体的な施策設計(提案)を行うことが困難になる．しかし，このパターンであっても，母集団がもつ何らかの層による違いを捉えて丁寧な解析(謎解き的な解析)を行うことは重要である．その結果として本質的な層を見出すことが期待できる．

7.1.4　事前層別と事後層別

　質問紙調査や質問紙実験を行う場合は，最初に層別を意識して属性を把握するためのフェイスシート項目を作成しておく必要がある．そこで事前に回答者の属性を尋ねておけば，それにもとづき結果を層別することができる．これが事前層別である．

　事前にフェイスシート項目で属性情報を取得しなかった，あるいは事前層別で属性による傾向の差が見られなかった場合は，事後に統計的手法であるクラスター分析を活用して調査結果や実験結果のデータをクラスターに分けてみるとよい．このように事後分類したクラスターを，回帰木(量的な属性)・分類木(質的な属性)と固有技術を組み合わせて，意味があるものかどうかを慎重に吟味し，そのクラスターを属性による分類で定義することができる．これが事後層別である．

　もし，吟味の結果，クラスターに意味を見出した場合は，その意味を属性と

して層別し，あらためて解析を行う．この段階では事後の定義に従って層別するので，最初は同じクラスターにいたものが事後層別のもとで別々のクラスターに移動するというケースも起こり得る．したがって，データ移動後に改めて層ごとに解析を行い，寄与率の変化を確認する必要がある．なお，やり直した場合には，一部の回答者は当初のクラスターから移動するため，寄与率は下がることが起きるかもしれない．それでも不明瞭な層別による解析を行うよりは，明快な層別にもとづく解析を行うほうが望ましい．

7.2 群の再構成

本節では，群の再構成の考え方や方法について，例を交えて解説する．

7.2.1 事前と事後の群の構成の違い

調査票を作成する準備段階では，それまでの知識や経験によって群を構成するしかない．場合によっては，群を用いずに調査を行ってしまうことも少なくない．そのような場合は事後に群を構成して解析することを勧めたい．

群構成の例として，生徒の適性を把握するための多群質問紙調査の群構成を図 7.1 に示す．事前準備の段階では，3 つの群（【群 1】文科系科目群，【群 2】理科系科目群，【群 3】趣味群）に分けることは常識的に考えると自然であると

【群 1】文科系科目	【群 2】理科系科目	【群 3】趣味
＊国語	＊数学	★読書
＊英語	＊物理	★クイズ
＊社会	＊化学	★クロスワード
＊一般知識	＊科学知識	☆囲碁・将棋・チェス
		☆パズル（数独）
		＊音楽鑑賞
		＊スポーツ観戦
		＊観劇＆映画
		＊旅行
		＊料理

図 7.1 事前の群の構成

【群 1】言語的理解 ＊国語 ＊英語 ＊社会 ＊一般知識 ★読書 ★クイズ ★クロスワード	【群 2】論理的推理 ＊数学 ＊物理 ＊化学 ＊科学知識 ☆囲碁・将棋・チェス ☆パズル（数独）	【群 3】背景となる余暇 の過ごし方 ＊音楽鑑賞 ＊スポーツ観戦 ＊観劇＆映画 ＊旅行 ＊料理

図 7.2　事後の群の再構成

いえよう．しかし，多くの場合，群 1 と群 2 の主成分間の相関は低く，群 3 の主成分は群 1 の主成分および群 2 の主成分と低くはない相関をもつことになる．このような場合は，事後に**図 7.2**のような群の再構成を行うことになる．

7.2.2　層に分けた場合の解析

回答者の層を多段階の構造で分類して解析を行う場合には，以下の 3 つのアプローチが考えらえる．

① すべての段階の層において，同じ群構成で解析する．
② 層によりある段階で一部の群構成を変えて解析する．
③ 層ごとにすべての段階で別々の群構成で解析する．

いずれを用いるかは，対象に合わせて臨機応変に対応することが必要である．

7.2.3　群の再構成の例

群の再構成は，重回帰分析や選抜型多群主成分回帰分析の結果の VIF が 2.0 を超えているものが存在する場合に活用するとよい．**図 7.3** に VIF に問題がある重回帰分析結果の例を示す．この例はスマートフォンを取り上げているが，第 5 章と第 6 章で紹介したスマートフォンの事例とは異なる事例である．すなわち，ここで取り上げるスマートフォンの事例は第 5 章と第 6 章で紹介したものとは質問項目も異なり，対象者の層も異なるものである．

スマートフォンの満足度調査において，**図 7.3** の左に示している A 群：xa1 〜 xa11 の 11 項目と B 群：xb1 〜 xb7 の 7 項目で 2 群を構成し，Y としては 1 つだけ満足度を聞いた事例である．VIF の問題を示すためにすべての項目を

A群：基本スペック	
xa1	料金プラン
xa2	OS の種類
xa3	保存容量の大きさ
xa4	通信速度
xa5	電波状況
xa6	アプリの豊富さ
xa7	バッテリーの持続性
xa8	携帯電話の大きさ
xa9	携帯電話の重さ
xa10	画面の大きさ
xa11	本体のデザイン性
B群：基本機能	
xb1	電話機能
xb2	メール機能
xb3	文字変換機能
xb4	コピー&ペースト機能
xb5	GPS 機能
xb6	カメラ機能
xb7	カレンダー機能

あてはめの要約

R2乗	0.949596
自由度調整R2乗	0.894611
誤差の標準偏差(RMSE)	0.394464
Yの平均	3.208333
オブザベーション(または重みの合計)	24

分散分析

要因	自由度	平方和	平均平方	F値
モデル	12	32.246712	2.68723	17.2699
誤差	11	1.711621	0.15560	p値(Prob>F)
全体(修正済み)	23	33.958333		<.0001*

パラメータ推定値

項	推定値	標準誤差	t値	p値(Prob>|t|)	標準β	VIF
切片	-9.213395	1.005717	-9.16	<.0001*	0	
xa1	0.6882103	0.158589	4.34	0.0012*	0.561749	3.6569633
xa4	-0.580649	0.166177	-3.49	0.0050*	-0.57779	5.9674739
xa6	0.4281878	0.115141	3.72	0.0034*	0.339383	1.8176208
xa7	0.3437108	0.089628	3.83	0.0028*	0.322834	1.5466297
xa8	-0.311565	0.123992	-2.51	0.0288*	-0.28543	2.8159125
xa9	0.8532052	0.129865	6.57	<.0001*	0.840549	3.5721774
xb1	0.337763	0.195627	1.73	0.1122	0.199385	2.9103707
xb2	-0.297725	0.126933	-2.35	0.0388*	-0.22245	1.9630551
xb3	0.8434625	0.153903	5.48	0.0002*	0.596052	2.5814573
xb5	0.3684331	0.110462	3.34	0.0066*	0.277996	1.5160566
xb6	0.2006929	0.098663	2.03	0.0668	0.194312	1.9914936
xb7	0.2852489	0.146503	1.95	0.0775	0.22163	2.8276925

図7.3　*VIF* に問題がある重回帰分析結果の例

用いて変数選択の重回帰分析を行ったところ，**図7.3** の右に示す結果が得られた．重回帰分析で総合満足度に影響がある質問項目として変数選択された項目は多数であり，*VIF* が 2.0 を超えているものが多く見られる．これらの項目間には相関の問題が生じているため，このままでは変数選択自体が信用できないだけでなく，変数選択の結果の解釈にも不都合が生じるケースである．結果を自分勝手に解釈している場合にはそれらしい考察ができるかもしれないが，考察にもとづいて確認実験を行うとなるととてもリスキーな状況になる．

　このような場合には**図7.4** に示すように，A 群と B 群のすべての質問項目を使って主成分分析を行ってみるとよい．その結果の因子負荷量図を確認し，近いところにある項目は似ている(相関も高い)項目と判断できるため，それらで新たに群を構成する．事前に用意した A 群，B 群から，事後に主成分分析を活用して再構成した α 群，β 群，γ 群という群の再構成を行った後に選抜型多群主成分回帰分析を行うとよい．

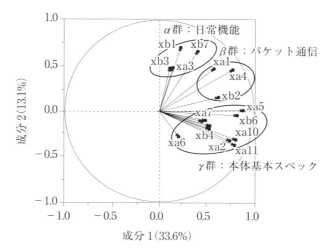

図 7.4 α 群, β 群, γ 群に群を再構成

その結果を**図 7.5** に示す．VIF を確認すると，選択された主成分同士（$Z\alpha1$ と $Z\gamma1$）はほぼ独立の関係にあり，多重共線性の問題が回避できていることがわかる．なお，**図 7.4** では点が密集しているため一部の点は重なっていることに注意されたい．

このようにして再構成された群を用いて分析を行うことが望ましい．なお，その場合でも，事前に意味のある質問項目を選抜して選抜型多群主成分回帰分析を行うことがより望ましい．

ここで，これまで扱った 2 つの事例である「ビジネスホテル」と「スマートフォン」と次の章で扱う事例の「コンビニエンスストア」の間の違いについて明らかにしておきたい．ビジネスホテルの事例は特定のホテルの利用客がそのホテルを評価したものであるため，調査としての対象は特定のホテル一つである．一方，スマートフォンの事例は各人が自分の特定のものを評価しているが，スマートフォンやそのサービスはとても多くの種類があるため調査全体としての評価対象は一つではない．これらに対して，コンビニエンスストアは多数のチェーンがありかつ各チェーンは狭い同一エリアに複数の店舗を展開しているために同じチェーンの店でも店舗によるばらつきはかなり大きい．したがって，

あてはめの要約

R2乗	0.681105
自由度調整R2乗	0.650734
誤差の標準偏差(RMSE)	0.718104
Yの平均	3.208333
オブザベーション(または重みの合計)	24

分散分析

要因	自由度	平方和	平均平方	F値
モデル	2	23.129197	11.5646	22.4262
誤差	21	10.829136	0.5157	p値(Prob>F)
全体(修正済み)	23	33.958333		<.0001*

パラメータ推定値

項	推定値	標準誤差	t値	p値(Prob>|t|)	標準β	VIF
切片	3.2083333	0.146582	21.89	<.0001*	0	.
$z_{\alpha1}$	0.4067296	0.110323	3.69	0.0014*	0.457192	1.0127279
$z_{\gamma1}$	0.349169	0.067898	5.14	<.0001*	0.637736	1.0127279

図 7.5　群再構成後の選抜型多群主成分回帰分析結果の例

調査としてはコンビニエンスストアは特定できず全体的な評価となっている.
いずれの場合も，着目すべき項目を明らかにすることが目的である.

　なお，スマートフォンの場合はフェイスシート項目を工夫すれば機種やサービスを特定することができ，特定された対象にはばらつきはないと考えることができる．しかし，コンビニエンスストアの場合にはチェーンを特定することはできても同一チェーン内の店舗によるばらつきが大きいのでその扱いには注意が必要である．

第 **8** 章

［市場調査事例］
対応のある質問紙調査の積み重ね解析

　本章では，市場調査事例として，「コンビニエンスストアの満足度調査」を
選抜型多群主成分回帰分析で解析する．日頃，多くの人が利用しているコンビ
ニエンスストア（以下，コンビニ）について調査を行うと，回答者は，普段よく
使っているお気に入りのコンビニを頭に思い浮かべて回答してしまう可能性が
高い．お気に入りのコンビニの回答データばかりが集まると，コンビニの改善
点が見えにくくなり，意味のある解析や提案ができなくなってしまう．本章の
事例ではこの点を考慮し，データの取得方法および解析方法を工夫している．
注意事項や工夫点を中心に説明するためデータ表，詳細な図表，解析模型図，
構造模型図については割愛する．あくまでも進め方のエッセンスに焦点を合わ
せて解説する．

8.1　対応のある調査票の活用

　人や組織を対象とした多群よりなる質問項目の調査は，例えば現在と将来，
施策や対策の実施前と実施後，ある人にとって印象の良い対象と悪い対象など，
対応のある質問項目を用いて実施されることがある．対応のある調査票とは，
調査において，回答者が過去―現在―未来という時系列変化の中で対応してい
る，もしくは比較したい調査対象が 2 種類以上ある場合に用いられることの多
い，対になった調査票のことである[33]．
　このように対応のある調査票 A と B でデータを取得した場合，A と B を
別々に解析することもできる．もし，A のみ，B のみで解析するとデータのば
らつきが少ないという場合は A と B のデータを積み重ねて解析する，もしく
は A と B の差分をとって解析に用いることができる．積み重ね解析に適して

いるのは，回答者の視点や状態に変化のないパターンである．一方，回答者に時系列変化が見られるデータの場合は，差分をとって解析を行ってみるとよい．

質問紙調査において，例えば従業員が希望する社員研修について調べた場合，質問項目として用意されたいずれの施策も導入を希望し，それによって従業員満足度が高まるという結果が得られることがある．このような場合，回答に天井効果が見られ，結果系・原因系の回答データがともに小さいばらつきとなる．天井効果とは，得点分布が上限値に偏っていることを意味する[34]．なお，得点分布が下限値に偏っていることを意味する対語は床効果である．

このとき，原因系と結果系の回答がどちらも似たような評価になっているため，回帰分析を行っても結果の寄与率が上がらなくなるということが起こり得る．こうした事態を避けるため，調査を行う際に，原因と結果のデータがどちらもばらつくように工夫した調査票を用いることを検討する．

ばらついたデータを取得するためには，回答者に評価してもらう2つの視点，例えば，A（現状の研修の満足度）とB（将来の研修への要望）の両方の評価項目を対応させる形で調査票を設計し，調査を実施することが望ましい．調査では，前提として，評価してもらう内容の認識がずれないよう，項目の詳細説明資料を用意する．

このように，調査票や補足資料を工夫することでばらつきのあるデータを取得できるようにするとよい．図8.1の例2のような調査票を用いた場合，図8.2の4つの想定パターンのいずれかで，ばらつきのある回答データを取得で

例1　社内研修の要望調査	例2　商品イメージ調査
1.　現状の研修への満足度	1.　良い印象の商品
α群	A群
β群	B群
γ群	C群
2.　将来の研修への要望	2.　悪い印象の商品
α群	A群
β群	B群
γ群	C群

図8.1　対応のある調査票の例

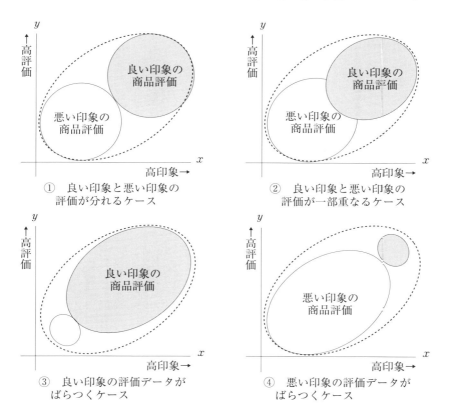

図 8.2 対応のある調査票を用いて想定される回答パターン

きる可能性が高い．

8.2 「コンビニエンスストアの満足度調査」の概要

本調査の目的は，ばらつきが小さいケースを扱う質問紙調査において，相対的に良い印象と相対的にあまり良くない印象の両方を含む対応のある質問紙を用い，コンビニエンスストアにおける顧客満足度の向上のための具体的な施策の方向性を導き出すことである．話を簡単にするために満足度は Y のみとした．

解析に用いる質問紙調査は都内の大学生 72 名を対象とした「コンビニの満

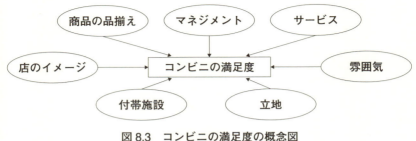

図 8.3 コンビニの満足度の概念図

足度調査」である．この調査票は図 8.3 の概念図にもとづきフェイスシート：8 問，A．好感をもてるコンビニ評価：31 問，B．好感をもてないコンビニ評価：31 問の計 70 問の質問項目で構成した．

なお，この質問紙は相関の高い 7 つの概念群をもつ多群質問紙調査票である．表 8.1 の左に項目 No. と項目内容を示した．なお，右の部分はその後の選抜と再構成に関するものであるがこれらについては後述する．評価は，「1．まったくそうではない」から，評価の中央に「4．どちらとも言えない」を挟み込み，「7．非常にそうである」までの 7 件法とした．

8.3 個別および積み重ねデータによる重回帰分析

はじめに，表 8.2 に示すように，好感をもてるコンビニと好感をもてないコンビニの総合評価の要約統計量（平均と標準偏差）をそれぞれ確認した．これらの総合評価に関する平均値の差は 2.94 と開きがあり，標準偏差を確認すると，好感をもてないコンビニの総合評価データのほうがやや広くばらついていることがわかった．すなわち，データのばらつき例としては，好感をもてないコンビニデータが大きくばらつく例として示した図 8.2 の④に近いといえる．

次に，総合評価を目的変数，各群の質問項目を説明変数として個別に重回帰分析を行った．その結果，表 8.2 に示すように，好感をもてるコンビニの自由度調整 R^2 は 0.33，一方の好感をもてないコンビニは 0.56 であった．このことから，データにばらつきが見られる好感をもてないコンビニの解析結果のほうが高い寄与率を示していることを確認できた．

8.3 個別および積み重ねデータによる重回帰分析 93

表 8.1 コンビニ事例の群の再構成までの経緯

群	項目 No.	項目内容	総合評価との相関	選抜	再構成後の群
A群 立地	A1	見つけやすさ	0.45	×	−
	A2	駅からの近さ	0.32	×	−
	A3	職場からの近さ	0.24	×	−
	A4	競合がいない	0.06	×	−
B群 サービス	B1	コピー・FAX	0.33	×	−
	B2	ATM	0.34	×	−
	B3	代行(公共料金支払い,チケット購入)	0.39	×	−
	B4	ポイントカード	0.17	×	−
C群 雰囲気	C1	店員の言葉遣い	0.65	◯	C
	C2	質問への対応	0.60	◯	C
	C3	接客態度	0.68	◯	C
	C4	店員の容姿	0.38	×	−
	C5	休憩の場	0.38	×	−
	C6	立ち読みのしやすさ	0.21	×	−
D群 店のイメージ	D1	清潔感	0.58	◯	α
	D2	照明の明るさ	0.51	◯	α
	D3	店舗の広さ	0.38	×	−
	D4	陳列のわかりやすさ	0.50	◯	α
E群 商品の品揃え	E1	新商品の入荷スピード	0.38	×	−
	E2	オリジナル商品の美味しさ	0.43	×	−
	E3	限定商品の豊富さ	0.36	×	−
	E4	話題性のある商品の取扱い	0.37	×	−
F群 マネジメント	F1	レジの待ち時間	0.53	◯	F
	F2	プライバシー保護	0.38	×	−
	F3	入退店のしやすさ	0.59	◯	α
	F4	商品の補充スピード	0.44	×	−
G群 付帯施設	G1	トイレ使用	0.51	◯	α
	G2	駐車場・駐輪場	0.32	×	−
	G3	イートインコーナー	0.28	×	−
	G4	美味しい珈琲	0.39	×	−

ジャンプ

94　　　第8章　［市場調査事例］対応のある質問紙調査の積み重ね解析

表 8.2　個別および積み重ね解析の結果比較

評価対象 項目	A. 好感をもてる CVS データ	B. 好感をもてな い CVS データ	A と B の積み重ね データ
平均	5.88	2.94	4.41
標準偏差	0.65	1.21	1.76
自由度調整 R^2	0.33	0.56	0.64
N	72	72	144

注）CVS はコンビニエンスストアの略.

　さらに，好感をもてるコンビニと好感をもてないコンビニの原因系と結果系のそれぞれのデータを積み重ねて解析を行った．積み重ねた総合評価の平均は4.41，標準偏差は 1.76 であった．また，積み重ねたデータの総合評価を目的変数，各群の質問項目を説明変数として重回帰分析を行った結果，自由度調整 R^2 は 0.64 であった．これらの比較を表 8.2 のもとで行うと，対応のある質問紙を用いてばらつきのあるデータを取得することで自由度調整 R^2 の数値が良いほうへ変化することが明らかである．

　積み重ねデータによる重回帰分析の結果，変数選択されたのは 30 項目中 11項目であった．このときの VIF はすべて 2.0 以下となっており，これを表面的に眺めていると，選択された質問項目間に多重共線性の問題は生じていない．しかし，これには十分な注意が必要である．互いに相関の高い複数の質問がある場合，その中のいずれかが選択されると他は選択されないということがしばしば起きるのである．この問題を回避するためには選抜型多群主成分回帰分析を用いるのがよい．そうすれば互いに高い相関をもつ質問項目すべてが主成分という形で合成されて解析に用いられるために，変数選択において不運にも排除されるというようなことはないからである．

8.4　積み重ねデータによる選抜型多群主成分回帰分析

　本節では，選抜型多群主成分回帰分析を「コンビニエンスストアの満足度調査」の積み重ねデータ解析事例に適用する．選抜型多群主成分回帰分析は，事前に目的変数に対してあるレベル以上の相関を有する説明変数の候補の選抜を

行い,選抜後の説明変数の候補に対して主成分を求め,その抽出された主成分を用いて重回帰分析を行うという方法である.

(1)　step 1　結果系の質問項目の主成分分析

本事例では,結果系となる満足度の質問項目が総合評価の 1 項目であるため,この項目をそのまま目的変数に設定する.

(2)　step 2　原因系の質問項目の選抜

次に,総合評価 1 項目とその他の説明変数となる 30 項目の相関係数を確認する.このとき,相関係数が 0.5 以上の項目個数は 9 個,0.4 以上は 12 個,0.3 以上は 25 個であった.本事例の選抜基準を決定するため,総合評価を目的変数に設定し,選抜されたそれぞれの項目を説明変数として,変数選択を行わない重回帰分析を実行した.その結果の自由度調整 R^2 の値を確認し,x 軸に相関係数,y 軸に寄与率の値をとりグラフ化したものが図 8.4 である.

グラフからもわかるように,選抜基準を相関 0.3 以上(約 10％の影響)から相関 0.5 以上(25％以上の影響)へ厳し目に変化させても,寄与率の値は大きく変化しない.回帰モデルの適合度を表す寄与率は,説明変数を増やせば増やすほ

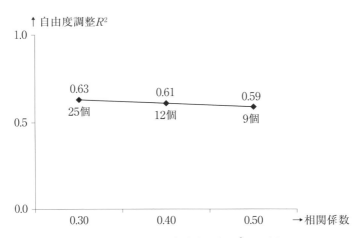

図 8.4　相関係数と自由度調整 R^2 の関係図

ど大きくなるが，扱う変数が多くなればそれだけ解析も複雑になる．よって本事例では，選抜する基準を相関係数 0.5 以上とし，その結果選抜された 9 個の説明変数を用いて以降の解析を行う．この例のようにアプローチすると，選抜の基準の決定が可視化されるために誰にとっても納得のいくものになる．

(3) 群の再構成

ここで，選抜された 9 項目の関係を確認するため，この 9 項目をすべて用いて主成分分析を行う．その結果，図 8.5 に示すように 3 つのグループに分かれることが明らかになった．D 群の 3 項目(D1, D2, D4)および F3 と G1 はいずれもコンビニ店舗のハードウェアに関する項目であることを質問紙に立ち返り確認できたため，これらの項目を α 群として再構成し，分析を行う．

表 8.1 は，多群質問紙調査票のもとの群と，総合評価との相関にもとづく選抜，さらに再構成した群という一連の経緯を一覧表にまとめたものである．

(4) step 3 概念群ごとの主成分分析

α 群の主成分分析の結果，抽出された 5 つの主成分は選抜型多群主成分回帰

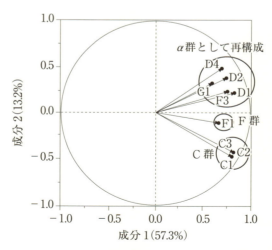

図 8.5 選抜された項目の因子負荷量散布図

の説明変数として用いるため，本事例においてはすべて保存する．またこのとき，α群の第一主成分はハードウェアの充実（充実していない⇔充実している），第二主成分は空間（プライベートエリア⇔パブリックエリア）の軸であると解釈した．

C群の3項目（C1，C2，C3）についてもα群と同様の手順で分析を進め，主成分データの保存と軸の解釈を行う．C群の第一主成分はソフトウェアの充実（充実していない⇔充実している），第二主成分は接客について（言語接客⇔非言語接客），すなわちバーバルとノンバーバルの軸であると解釈した．

なお，F1についてはF群から1項目のみ選抜されているが，他の抽出された主成分と足並みを揃えてこの後の分析に用いるため，データの標準化（平均を0，分散を1に変換）を行った．これを基準化ともいう．

あてはめの要約

R2乗	0.605561
自由度調整R2乗	0.59127
誤差の標準偏差(RMSE)	1.125038
Yの平均	4.409722
オブザベーション(または重みの合計)	144

分散分析

要因	自由度	平方和	平均平方	F値
モデル	5	268.15847	53.6317	42.3728
誤差	138	174.66792	1.2657	p値(Prob>F)
全体(修正済み)	143	442.82639		<.0001*

パラメータ推定値

項	推定値	標準誤差	t値	p値(Prob>|t|)	標準β	VIF
切片	4.4097222	0.093753	47.04	<.0001*	0	.
Zα1	0.364968	0.068893	5.30	<.0001*	0.371894	1.7241445
Zα2	0.2177089	0.11275	1.93	0.0555	0.103366	1.0026145
ZF1*	0.2391156	0.117621	2.03	0.0440*	0.135881	1.5630334
ZC1	0.4085739	0.077275	5.29	<.0001*	0.379558	1.803005
ZC2	-0.555307	0.225205	-2.47	0.0149*	-0.13227	1.0067262

注） 他の主成分と足並みを揃えるため標準化している．

図 8.6 選抜型多群主成分回帰分析結果

(5) step 4 選抜型多群主成分回帰分析

積み重ねデータを用いて行った選抜型多群主成分回帰分析の結果を図 8.6 に示す．自由度調整 R^2 は 0.59 であり，5 つの主成分が選択されている．選択されたのは，α 群の第一主成分 (Zα1) と第二主成分 (Zα2)，C 群の第一主成分 (ZC1) と第二主成分 (ZC2)，標準化した F 群の (ZF1) であった．

α 群，C 群はともに，同じ群から第一主成分と第二主成分が選択されているため，この結果にもとづき合成ベクトルを用いた検討が可能になる．ベクトルの合成については，既に 1.2.5 項および 5.3.5 項で述べたが，ここでも同じ方法をとる．ベクトルにもとづく検討を行う場合，推定値 (偏回帰係数) の値を用いて合成ベクトルを作成し，ベクトル上に射影した場合の絶対値の大きい質問項目が重要である．

(6) step 5 重要な質問項目の確認と考察

図 8.7 のように，合成ベクトルの合成軸上に射影した場合の絶対値の大きい質問項目が総合評価に影響を与える項目であると解釈できる．

① α 群は 2 次元の図上では各項目が 3 箇所にばらけて見えるが，合成ベクトル上に射影するとそれぞれが密集している．このケースは一見すると上記の密集状況を見落とすことがあるので注意が必要である．

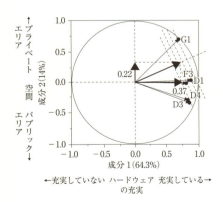

図 8.7　合成ベクトル

② C 群は C1 と C3 が合成ベクトル上で至近距離にあり，密集している．
これはこれらの項目の相関が高いことを意味している．

最初はわかりやすい②の C 群から説明する．この場合のように，既に 2 次元上で密集している項目は互いに相関が高いので，代表的な一つの項目に手を打つことを検討するとよい．

次に少し難しい①の α 群について説明する．この場合のように，合成ベクトル上の射影では密集しているが元の 2 次元上では項目がばらけているために互いの相関がそれほど高くないものが含まれる場合は，複数のものに対策を打たなければならない．このとき，各項目の背後にある本質的な(潜在的な)要素を検討し，それに対策を打つのが合理的である．

(7) 考察と提案の方向性

α 群の各項目の背後にある本質的因子(背後で操る因子)を検討したところ，従業員への教育が重要であることがわかり，そこへの施策が合理的な方向性であると考えられた．しかし，今回の調査だけでは具体的な対策を打つための情報が不足している．そのような場合は，具体的に影響のある因子を把握するための追加調査を行うことも検討する．

次に挙げるような質問項目を用意し，新たに調査を実施することでより具体的な従業員教育につながるポイントを明確にすることが可能になる．

5S「整理・整頓・清潔・清掃・しつけ」の教育と日々のチェック
- イートインのテーブル
- トイレ
- 店員の身だしなみ(髪の毛，服装，制服，立ち姿)
- ごみ箱
- 商品の陳列

また，C 群の結果を参考として，表8.1 より従業員の挨拶や敬語の遣い方，接遇マナーのトレーニングの実施を提案できる．提案に対して根拠が乏しい場合は，追加の調査や実験を行いその点を具体化できるとよい．

8.5 ま と め

　本章では,「コンビニエンスストアの満足度」を相対的に良い印象と相対的にあまり良くない印象の両方を含む積み重ねデータという形での選抜型多群主成分回帰分析を行って,考察およびそれにもとづく提案の方向性を導き出した.対応のあるデータを積み重ねて行った重回帰分析と選抜型多群主成分回帰分析による結果を比較すると,0.64 から 0.59 に寄与率の低下が見られた.しかし,提案の方向性を確実に導き出す方法論として,選抜型多群主成分回帰は有効である.

　評判の良い特定のコンビニ A 店と評判の悪い特定のコンビニ B 店を対象とした場合には同じ人の両データの差(結果系の差と原因系の差)を用いて解析し,結果系の差と原因系の差の因果関係を把握するわけである.しかし,本章の事例のように店を特定しない場合には積み重ねデータの解析が適している.このことはファーストフードやコーヒーチェーンの場合においても同様である.

 コーヒーブレイク

因子負荷量図上で質問が密集している場合の対策の打ち方

　因子負荷量図上で質問が密集している場合には次の①か②のような対応を検討する.①密集しているということは互いに酷似しているのでどれかに対策を打つと密集している他のものにもその対策によって効果が現れることが多い.②密集するという状況は背後にある共通した本質的なものの影響で互いの相関が高くなり密集しているということが少なくない.このような場合には,背後にある本質的なものに対して手を打つとよい.そのことで密集しているものの多くが一気に改善されることが多い.

　上記の②の場合の背後にある本質的なものは主成分のことを意味してはいない.主成分は全変数を合成(線形結合)した抽象的なものであるが,複数の背後から影響を与えている本質的なものは具体的なものなのである.そして具体的なものは見つけやすいし,その具体的な対策も立てやすいのである.

第 **9** 章

［オンライン調査事例］
キャリア意識に影響する要因の探索的検討

　本章では，インターネットを活用したオンライン調査の事例を取り上げる．大企業の従業員のキャリア意識に影響を与える組織要因を明らかにすることを目的とし，解析には選抜型多群主成分回帰分析を用いる．なお，本章では複数の層を扱う必要があるためデータや詳細な図および構造模型図は割愛している．

9.1　オンライン調査の準備

9.1.1　「キャリア意識」に関する概念図

　はじめに，①従来のキャリア指向と②現在のキャリア意識に影響を及ぼす個人と企業の関係について整理し，図 9.1 のように概念図を作成した．日本では終身雇用を前提とした企業主導のキャリア管理・キャリア指向から，従業員自身がキャリア意識を高めることを企業が支援する時代へと変化してきた．

　本研究におけるキャリア意識とは，従業員が現在所属している企業においてエンプロイアビリティ（雇用されうる能力）を高め，エンゲージメント（所属組織への愛着心）をもってキャリアを形成していく意欲のことである．企業の生産性向上と個人の自己実現をともに実現するには，企業が従業員のキャリア形成を支援し，従業員のキャリア意識を高めることが重要である．

9.1.2　「キャリア意識」に関する特性要因図とパス図

　図 9.1 の概念図をもとに，図 9.2 のように特性要因図を作成した．特性要因図を作成することで，オンライン調査における質問項目を漏れなく洗い出し，数量分析の準備を行うことができる．

102 第9章 ［オンライン調査事例］キャリア意識に影響する要因の探索的検討

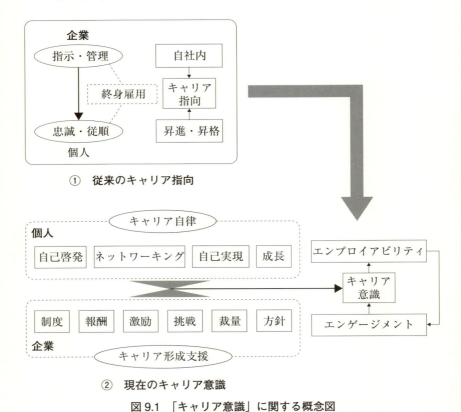

図 9.1 「キャリア意識」に関する概念図

　キャリア意識に影響を及ぼす組織要因について大骨に6つのキーワードを用意し，中骨，小骨を書き出した．この中で重要なキーワードを丸で囲み，質問文の形式としたものが表 9.1 のキャリア意識に関するオンライン調査項目一覧である．

　また，大骨のキーワードを用い，本研究の大枠の因果構造を示したものが**図 9.3** のパス図である．本研究では大骨のキーワードをすべてパス図に含めた形になったが，必ずしも大骨のキーワードをすべて用いる必要はない．また，群の間で（大骨の間で）強い相関のあるものが存在する場合には群の再構成が必要になる．

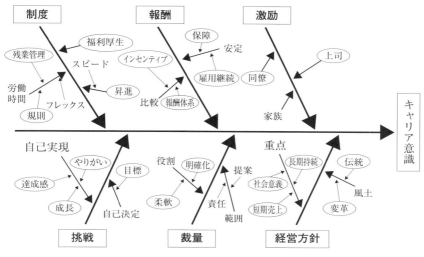

図 9.2 「キャリア意識」に関する特性要因図

9.2 オンライン調査の概要

本事例で紹介するオンライン調査は，2016年8月に実施したものである．調査対象者は，調査会社が保有するモニターから企業に勤務する者を任意に抽出し，回答を依頼する方法を採用した．その結果，従業員数1,000名以上の大企業に勤務する200名から回答を得られた．

このうち，回答に問題があるデータを除外することにより，分析対象者は165名となった．分析対象者の主な属性は，性別（男性123名，女性42名），平均年齢（45.4歳），最終学歴（大学院16名，大学88名，短大・高専14名，専門学校12名，高校35名），役職（一般社員89名，主任・係長クラス33名，課長クラス21名，部長クラス12名，該当なし他10名）であった．

質問項目のうち，「キャリア意識」に関する2項目，および「組織の状態・風土」に関する24項目の計26項目を本事例の分析対象とした．また，このときの質問項目の回答の回答形式はすべて，1＝まったく当てはまらない，2＝あまり当てはまらない，3＝どちらかと言えば当てはまらない，4＝どちらとも言

104 第9章 ［オンライン調査事例］キャリア意識に影響する要因の探索的検討

表9.1 「キャリア意識」に関するオンライン調査項目一覧

群	項目	キャリア意識に関する2項目：目的変数
Y	Y1	今の会社で働いていれば，社会人として，どこでも通用する実力が得られる
	Y2	これからも今の会社組織で，長く貢献したい

群	項目	組織の状態・風土に関する24項目：説明変数
A	X1	労働時間が規則正しい
	X2	時間外労働(残業)がしっかり管理されている
	X12	福利厚生が充実している
	X15	昇進のスピードが速い
B	X10	コツコツ努力していれば収入が保障される
	X11	将来にわたり，長く勤務することができる
	X13	他社よりも高い報酬体系が用意されている
	X16	成果に応じたインセンティブ報酬が得られる
C	X14	家族や友人が認めてくれる職場である
	X23	仲間からの励ましがある
	X24	上司のサポートが得られる
D	X5	個人の業務目標は本人が決める
	X17	仕事を通じて，自己成長を実感できる
	X19	仕事で達成感が得られる
	X20	仕事にやりがいを感じられる
E	X3	実力以上の仕事が任されることはない
	X6	担当する業務に一人ひとりが責任をもつ
	X7	担当する業務の役割を越えた提案ができる
	X8	自分の裁量と責任で，仕事を進められる
F	X4	伝統や慣習を重んじる
	X9	創造や変革より，現実的な問題解決を重視する
	X18	社会的に意義のある仕事である
	X21	組織の長期的な持続成長を追求する
	X22	組織の短期的な売上利益を追求する

えない，5＝どちらかと言えば当てはまる，6＝かなり当てはまる，7＝とても
当てはまるという7件法のリッカート尺度を用いた．調査の段階では質問を群
分けせずに通し番号で扱っている．**表9.1**は質問を群ごとにまとめて表示して
いる．

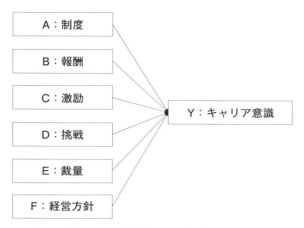

図 9.3 「キャリア意識」の因果構造を示すパス図

9.3 重回帰分析

　キャリア意識に関する項目は，キャリア自律を促進させる取組みとして推奨されている，従業員のエンプロイアビリティ(どの企業でも雇用され得る能力)を高める意識を考慮した「今の会社で働いていれば，社会人として，どこでも通用する実力が得られる」，および従業員の組織定着を考慮した「これからも今の会社組織で，長く貢献したい」の2項目の主成分を用いる．抽出された第一主成分を ZY1 とし，目的変数として設定した(以降，目的変数として用いる第一主成分は ZY1 と表記する)．説明変数は，組織の状態・風土に関する24項目である．

　重回帰分析を実施後は，以下の2点を確認する．1点目は，VIF(Variance Inflation Factor：分散拡大係数)の値である．VIF の値が 2.0 を超えている場合は，多重共線性の問題が生じていると判断できる．よって，この問題が生じた場合は，それを回避する解析手法(例えば，選抜型多群主成分回帰分析)を用いて解析を行う．2点目は自由度調整 R^2 の値である．この値が低く，モデルの当てはまりが良くない場合は，探索的に事後層別を行い，意味のある層に分類して解析を継続する．

大企業の分析対象者165名のデータを用い，はじめにキャリア意識に関する2項目(Y1, Y2)の主成分分析を行った．その結果，第一主成分で78.2%を説明していた．もし，この重回帰分析の結果にVIFの問題がなければそのまま考察や設計に進める可能性があり得るので，このトライには意味がある．よって，第一主成分ZY1を目的変数に設定し，重回帰分析を実行した．ステップワイズ法(変数増減法)を用いた変数選択の結果，ZY1に影響のある12変数が選択された．

しかし，VIFを確認すると2.0を超える変数が複数あり，多重共線性の問題が生じていた．また，このときの自由度調整R^2は0.41であった．モデルの寄与率がそれほど高くないため，まず事後層別にもとづく新たな層で解析を行うほうが良いと判断し，分析を継続した．

9.3.1 事後層別

本オンライン調査における大企業の回答者をさらに分類するため，事後層別による検討を行った．近年の統計ソフトには充実した層別機能が用意されているので，それを用いれば有効な事後層別ができる．ここでは統計ソフトJMPのパーティション分析の結果を図9.4に示す．この結果から「個人年収のカテゴリ7」，すなわち個人年収が500万円以上かそれ未満かによって大企業従業員のキャリア意識に違いがあることが明らかになった．よって本事例では，この事後層別結果にもとづき解析を行う．

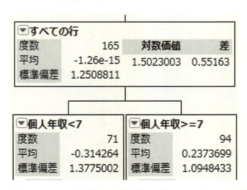

図9.4 「オンライン調査」大企業のパーティション分析結果

9.4 大企業で年収 500 万円以上の選抜型多群主成分回帰分析　　　*107*

表 9.2 「オンライン調査」大企業 2 層の重回帰分析結果の比較

層別 項目	①年収 500 万円以上	②年収 500 万円未満
R^2	0.70	0.38
自由度調整 R^2	0.66	0.34
オブザベーションの数(N)	94	71
選択された説明変数の数	12	4
多重共線性の問題	あり	なし

9.3.2　事後層別結果にもとづく重回帰分析

　事後層別結果にもとづき，以下の 2 つの層，①年収 500 万円以上，②年収 500 万円未満，に分けて解析を行った．各層で重回帰分析を実行した結果を表 9.2 に示す．

　①年収 500 万円以上の層はモデルの当てはまりが良いが，多重共線性の問題が生じており，②年収 500 万円未満の層は自由度調整 R^2 の値がやや低めの結果であった．したがって，①の層では，多重共線性の問題を回避するため，選抜型多群主成分回帰分析を行う．②の層は，さらに意味のある階層に事後層別し解析を行うことで，分析モデルの寄与率が改善する可能性があるため，もう一度，JMP のパーティション分析を試みる．

9.4　大企業で年収 500 万円以上の選抜型多群主成分回帰分析

　本事例の場合，解析模型図はかなり複雑な図になるため割愛し，代わりに詳細なパス図を図 9.5 に示す．

（1）　step 1　結果系の質問項目の主成分分析

　はじめに，キャリア意識に関する 2 項目（Y1，Y2）の主成分分析を行う．その結果，第一主成分の寄与率は 78.3％であり，かつ固有値も 1.0 を超えていた．よって，目的変数にはこの第一主成分 ZY1 を設定し，この軸は組織内キャリア意識度合い（低い⇔高い）であると解釈した．

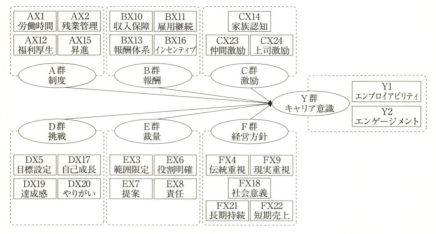

図 9.5 オンライン調査の詳細なパス図（解析模型図に代えて）

(2) step 2 原因系の質問項目の選抜

次に，目的変数として設定した ZY1 と各説明変数となる質問項目との相関を確認した．その結果を表 9.3 に示す．このとき，相関係数が 0.45 以上の説明変数を選抜し，0.45 未満の説明変数を分析から除外した．この選抜基準に絶対的なものはなく，今回は寄与率 0.45（約 20％以上の影響）を意識した選抜を行った．その結果，分析項目は 24 項目から 12 項目に絞られた．

(3) step 3 概念群ごとの主成分分析

この群構成にもとづき，各群で選抜された説明変数の主成分分析を行った（図 9.6 〜 9.10）．合成された各群の主成分は，原則として第一主成分と第二主成分を保存し，1 項目のみの変数 X12 は標準化（平均を 0，分散を 1 に変換）した．

(4) step 4 選抜型多群主成分回帰分析

これらの主成分および標準化した変数を用いて選抜型多群主成分回帰分析を行った結果を図 9.11 に示す．このとき選抜された主成分の VIF はすべて 2.0 以下であり，多重共線性の問題は回避された．

9.4 大企業で年収 500 万円以上の選抜型多群主成分回帰分析

表 9.3 「オンライン調査」ZY1 と説明変数の相関と選抜結果

群	質問項目	相関係数	群	質問項目	相関係数
A	X1	0.42	D	X5	0.41
	X2	0.34		X17	0.51
	X12	0.45		X19	0.42
	X15	0.42		X20	0.53
B	X10	0.34	E	X3	0.42
	X11	0.49		X6	0.30
	X13	0.48		X7	0.45
	X16	0.34		X8	0.56
C	X14	0.43	F	X4	0.25
	X23	0.50		X9	0.53
	X24	0.62		X18	0.54
				X21	0.63
				X22	0.38

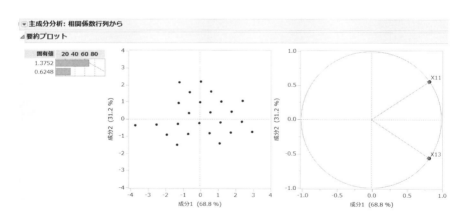

図 9.6 B 群の主成分分析結果

110　第9章　[オンライン調査事例] キャリア意識に影響する要因の探索的検討

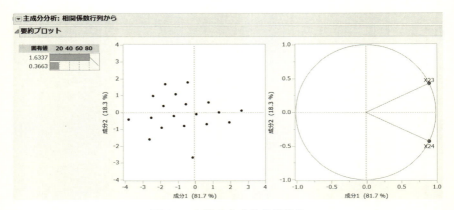

図9.7　C群の主成分分析結果

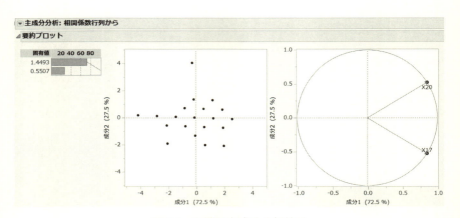

図9.8　D群の主成分分析結果

9.4 大企業で年収 500 万円以上の選抜型多群主成分回帰分析

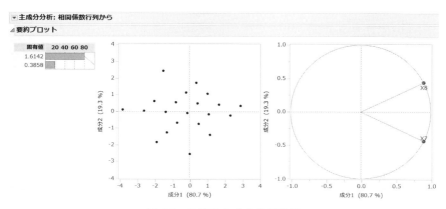

図 9.9　E 群の主成分分析結果

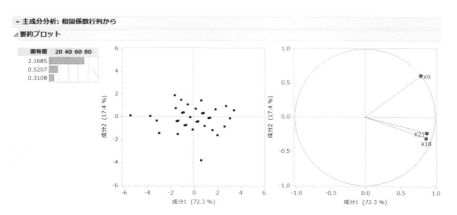

図 9.10　F 群の主成分分析結果

112　第9章　［オンライン調査事例］キャリア意識に影響する要因の探索的検討

あてはめの要約

R2乗	0.622418
自由度調整R2乗	0.600965
誤差の標準偏差(RMSE)	0.790714
Yの平均	5e-16
オブザベーション(または重みの合計)	94

分散分析

要因	自由度	平方和	平均平方	F値
モデル	5	90.69700	18.1394	29.0124
誤差	88	55.02008	0.6252	p値(Prob>F)
全体(修正済み)	93	145.71708		<.0001*

パラメータ推定値

項	推定値	標準誤差	t値	p値(Prob>|t|)	標準β	VIF
切片	8.079e-16	0.081556	0.00	1.0000	0	.
ZB2	-0.281966	0.112962	-2.50	0.0144*	-0.17806	1.1859171
ZC1	0.278861	0.079445	3.51	0.0007*	0.284744	1.5337154
ZC2	-0.357019	0.139719	-2.56	0.0123*	-0.17263	1.063738
ZE2	0.3921725	0.138199	2.84	0.0056*	0.194602	1.0960277
ZF1	0.5096194	0.072642	7.02	<.0001*	0.599527	1.7020329

図 9.11　「オンライン調査」選抜型多群主成分回帰分析結果

　また，自由度調整 R^2 の値は 0.60 であり，モデルの説明率としては許容でき
るレベルであることも確認できた．このとき選択された主成分の標準 β(標準
偏回帰係数)を確認すると，目的変数に対して最も影響の大きいものが F 群の
第一主成分，その他，C 群の第一主成分と第二主成分，E 群の第二主成分，そ
して B 群の第二主成分が選ばれた．

(5)　step 5　重要な質問項目の確認と考察

　最も重要な主成分は F 群の第一主成分であった．これは大企業の中でも年
収 500 万円以上の層の従業員が，会社の経営方針に社会的価値を求め，そこに
共感できることにより，現在所属している会社でのキャリア意識が高まると解
釈できる．

　質問項目レベルで見ると，X21 の「組織の長期的な持続成長を追求する」会

9.4 大企業で年収500万円以上の選抜型多群主成分回帰分析

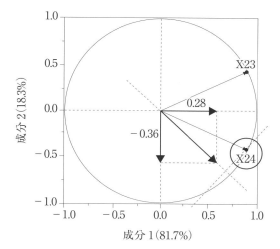

図 9.12 「オンライン調査」C 群の合成ベクトル

社であることや，X18 の「社会的に意義のある仕事である」ことが重要であった．これらの項目に対する具体的な対策は，各企業の実態に合わせて計画することが望ましいといえる．

　さらに，この層では C 群から 2 つの主成分が選択されていた．この場合，主成分負荷量の散布図にベクトルを作図したうえで，それにもとづく考察が可能となる．**図 9.12** に C 群の合成ベクトルを作図した．合成したベクトルに射影した線を引き，その線までの距離の絶対値が最も大きいところにある質問項目が，目的変数に対して影響の強い項目である．C 群では，X24 が重要な項目であり，ここでは同僚サポートより上司サポートのほうがより強く影響していることが明らかになった．

(6) 考察と提案の方向性

　X24 の「上司のサポートが得られる」の 1 変量の分布を確認すると平均値は 7 点満点中の 3.8 であった．このことから，「上司サポート」を現状よりも機能させられる上げしろがあり，ここに手を打つことが大企業の①年収 500 万円以上の従業員のキャリア意識を高めることにつながるといえる．

114 第9章 ［オンライン調査事例］キャリア意識に影響する要因の探索的検討

　大企業の多くは自律的キャリア支援を導入済みである，福利厚生が充実している，年功序列に近い段階的な報酬制度があるなどの理由から，安心・安定して働くことが可能である．そのため，その環境において一般の平均水準以上の年収を得ている従業員は類似性が高く，回答傾向にも共通点が現れやすいのではないかと考えられる．分析モデルの当てはまりも良い層であったため，この①の層のキャリア意識を高めるには，「上司サポート」の充実を図ることのできる施策を検討するとよいだろう．

9.5　他の層の分析と考察

　大企業の②年収 500 万円未満の層において，JMP のパーティション分析による事後層別を行った．その結果，既婚か未婚かという属性でキャリア意識に差異があることが確認できた．

9.5.1　大企業で年収 500 万円未満の既婚者の重回帰分析

　重回帰分析の解析手順はこれまでと同様である．キャリア意識に関する 2 項目（Y1，Y2）の主成分分析を行い，第一主成分 ZY1 を目的変数に設定し，重回帰分析ではステップワイズ法（変数増減法）を用いた．このとき変数を追加または除去するときの p 値基準を 0.25 に設定したため，結果には p 値が 0.05 を超えるものも現れている．

　図 9.13 に示した結果から，多重共線性の問題が生じていないこと，および自由度調整 R^2 が 0.56 であり，モデルの当てはまりがまずまずであることが確認できた．また，標準偏回帰係数や p 値の結果から，大企業勤務者のうち年収 500 万円未満の既婚者の組織内キャリア意識度合いを高める要因として重要な質問項目は，X21 の「組織の長期的な持続成長を追求する」経営方針，組織風土であることを確認した．

9.5.2　大企業で年収 500 万円未満の未婚者の選抜型多群主成分回帰分析

　はじめに，年収 500 万円未満の未婚者の層でも重回帰分析を行った．しかし，多重共線性の問題が生じたため，選抜型多群主成分回帰分析を用いて解析した．

9.6 階層の探索的アプローチにもとづく考察 **115**

あてはめの要約	
R2乗	0.617141
自由度調整R2乗	0.555389
誤差の標準偏差(RMSE)	0.78283
Yの平均	5.25e-16
オブザベーション(または重みの合計)	37

分散分析

要因	自由度	平方和	平均平方	F値
モデル	5	30.622601	6.12452	9.9939
誤差	31	18.997515	0.61282	**p値(Prob>F)**
全体(修正済み)	36	49.620116		<.0001*

パラメータ推定値

項	推定値	標準誤差	t値	p値(Prob>|t|)	標準β	VIF
切片	-1.157169	0.966165	-1.20	0.2401	0	.
X5	-0.32253	0.149496	-2.16	0.0388*	-0.26292	1.2024962
X13	0.2360479	0.121635	1.94	0.0614	0.261081	1.4655059
X21	0.5600598	0.153263	3.65	0.0009*	0.464338	1.3073604
X22	0.3307454	0.150531	2.20	0.0356*	0.290671	1.4170668
X23	-0.508503	0.154767	-3.29	0.0025*	-0.41486	1.2909023

図9.13 年収500万円未満の既婚者の重回帰分析結果

解析の手順については割愛し，結果を**図9.14**に示す．

目的変数として設定したZY1と相関の高い6項目を選抜したうえで，各群において標準化および主成分を抽出し，選抜型多群主成分回帰分析を行った結果，**図9.14**の*VIF*を確認すると2.0を超えていた．このことから，選択された他群の主成分間に相関があることがわかる．そのため，群を再構成することとした．群を再構成するために行った主成分分析の結果が**図9.15**である．

C群とα群に分けて主成分回帰分析を行った結果を**図9.16**に示す．このときの*VIF*に問題がないことを確認した．

9.6 階層の探索的アプローチにもとづく考察

図9.17に調査対象者の解析時の階層図を示す．本事例では，オンライン調

あてはめの要約

R2乗	0.519593
自由度調整R2乗	0.45333
誤差の標準偏差(RMSE)	0.945065
Yの平均	3.27e-16
オブザベーション(または重みの合計)	34

分散分析

要因	自由度	平方和	平均平方	F値
モデル	4	28.013989	7.00350	7.8414
誤差	29	25.901285	0.89315	p値(Prob>F)
全体(修正済み)	33	53.915274		0.0002*

パラメータ推定値

項	推定値	標準誤差	t値	p値(Prob>|t|)	標準β	VIF
切片	7.812e-16	0.162077	0.00	1.0000	0	.
ZE1	0.5522135	0.198845	2.78	0.0095*	0.558644	2.4427099
ZA1*	0.6079004	0.239921	2.53	0.0169*	0.475591	2.1268038
ZD1*	-0.627545	0.321679	-1.95	0.0608	-0.49096	3.8232778
ZC1	0.2962489	0.140698	2.11	0.0440*	0.319632	1.3910697

図 9.14　年収 500 万円未満の未婚者の選抜型多群主成分回帰分析結果

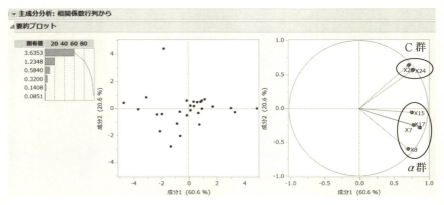

図 9.15　群の再構成のための主成分分析結果

9.6 階層の探索的アプローチにもとづく考察

あてはめの要約

R2乗	0.405776
自由度調整R2乗	0.367439
誤差の標準偏差(RMSE)	1.0166
Yの平均	3.27e-16
オブザベーション(または重みの合計)	34

分散分析

要因	自由度	平方和	平均平方	F値
モデル	2	21.877515	10.9388	10.5844
誤差	31	32.037759	1.0335	p値(Prob>F)
全体(修正済み)	33	53.915274		0.0003*

パラメータ推定値

項	推定値	標準誤差	t値	p値(Prob>|t|)	標準β	VIF
切片	8.784e-16	0.174346	0.00	1.0000	0	.
ZC1	0.2804276	0.147364	1.90	0.0664	0.302562	1.318058
Zα1	0.325942	0.120182	2.71	0.0108*	0.431207	1.318058

図 9.16 群の構成後の選抜型多群主成分回帰分析結果

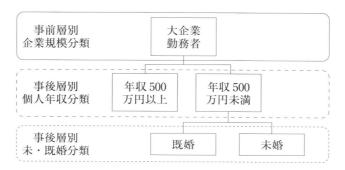

図 9.17 「オンライン調査」調査対象者の解析時の階層図

査の解析を行ううえで，分析モデルの寄与率や多重共線性の問題を考慮し，2回の事後層別により調査対象者の階層構造を確認した．また，パーティション分析により階層を探索的に探り，解析には重回帰分析もしくは選抜型多群主成分回帰分析を用いた．

118 第9章 ［オンライン調査事例］キャリア意識に影響する要因の探索的検討

(1) 事後層別：個人年収分類（年収500万円以上と年収500万円未満）にもとづく考察

　事後層別の結果，大企業勤務者の個人年収が500万円以上かそれ未満かによって意味のある層別を行うことができた．この年収による層別は，探索的な検討の中で発見されたものである．

　2017年時点において，年収500万円は日本における男性勤労者の平均給与とほぼ等しい．そのため個人年収によってキャリア意識に差異が見られる可能性があると推測された．

(2) 年収500万円未満の層の既婚者

　大企業でも年収500万円未満の層には，若い年代や社歴が短い従業員が含まれていると考えられる．この層は分析対象者が71名であったが，重回帰分析結果の寄与率が低めであったため，2回目の事後層別により新たに分類すべき層を見出し，既婚者37名と未婚者34名に分けて解析を行った．

　その結果，既婚者の層では重回帰分析の結果のモデルの当てはまりがまずまずの数値を示し，①の「年収500万円以上」の層と似た傾向にあることが明らかになった．最も重要な質問項目もX21の「組織の長期的な持続成長を追求する」経営方針であり，①の層の結果と同様であった．

　個人年収が500万円未満であっても，既婚者であれば配偶者の所得と合算して世帯年収が500万円を超えることもあるため，個人年収500万円以上の層の傾向と類似する可能性もある．また，既婚者であれば扶養する家族がいることも想定され，所属組織の保障・安定性を求める傾向が強くなるとも推測できる．

　よって，年収500万円以上の層と年収500万円未満の既婚者の層は，外的報酬が一般の平均以上であることを前提に，長期的に安定・安心できる環境において組織内でのキャリア意識を高めるという特徴をもつことが示唆された．

(3) 年収500万円未満の層の未婚者

　②の「年収500万円未満」の層の未婚者は，群を再構成して行った選抜型多群主成分回帰分析の結果，ベクトルを用いた考察が可能になった．

　C群とα群のそれぞれ第一主成分が選択されており，上司や同僚からの励ま

しや X17 の「仕事を通じて，自己成長を実感できる」ことが重要であった．

　以上のことから，②の層の未婚者は，仕事で成長できる環境や周囲からの励ましがあることで，組織内でキャリアを形成する意識が高まる可能性が示唆された．したがって，仕事のやりがいや達成感という内的報酬や励ましという精神的報酬を高めていく施策が提案の方向性であると考えられる．

9.7　ま　と　め

　本章では，オンライン調査データを用い，大企業従業員のキャリア意識に影響する要因について，探索型の解析を行った．はじめに，調査データを重回帰分析により解析した．その結果の VIF やモデルの当てはまりを確認し，問題があれば多重共線性を回避する手法である選抜型多群主成分回帰分析や回帰木（パーティション分析）を用いた事後層別を行った．

　また，事後層別により見出された層の解析を行い，それぞれの層の特徴を考察した．それによって，層ごとに対策の方向性を導き出すことができた．

120 第9章 ［オンライン調査事例］キャリア意識に影響する要因の探索的検討

☕ コーヒーブレイク

3つのタイプの多要因因果解析

「多要因因果解析」とは要因（重要な原因）が多い場合の因果解析のことで，これはその構造的な特徴から以下の3つのタイプに分類することができる.

① 垂直型：因果連鎖はないが原因が多い（間口は広いが奥行きがない）.

② 水平型：ある方向に集中した因果連鎖がある（間口は狭いが奥行きがある）.

③ 網状型：広く展開した因果連鎖がある（間口は広く奥行もある）.

万能な方法はあり得ず，対象の特徴を踏まえて使い分ける．水平型にはパス解析が，網状型には SEM（Structural Equation Modeling：構造方程式モデリング）が向いている．しかし，本書は次の理由で垂直型を扱う．サービスや商品の評価は短時間での評価（簡単な購買行動，簡単な使用・消費）かあるいは現時点での切り取った評価（「いまどう評価しているか」など）である場合が多いため垂直型で処理することが可能である.

・短時間での評価：短時間なので因果連鎖が起きない.

・現時点での評価：切り取った現時点では因果連鎖が起きない.

付録1

選抜型多群主成分回帰分析
【Excelでの実施手順】

漫画をよく読む人18名のExcelでの分析手順を示す．

A.1 主成分分析の方法

① 18名分のYQ1，YQ2，YQ3の元データの平均値と標準偏差を算出する．

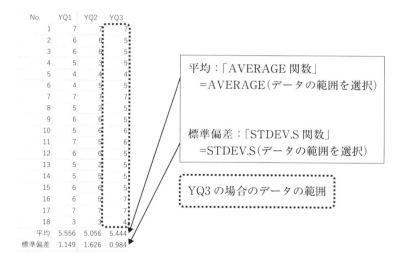

付録1　選抜型多群主成分回帰分析【Excelでの実施手順】

② YQ1，YQ2，YQ3 を標準化（平均が0で分散が1のデータに変換）する．

No.	YQ1	YQ2	YQ3	ZYQ1	ZYQ2	ZYQ3
1	7	7	7	1.257	1.196	1.582
2	6	6	5	0.387	0.581	-0.452
3	6	6	5	0.387	0.581	-0.452
4	5	3	5	-0.484	-1.264	-0.452
5	4	4	4	-1.354	-0.649	-1.469
6	4	5	5	-1.354	-0.034	-0.452
7	7	7	7	1.257	1.196	1.582
8	5	2	5	-0.484	-1.879	-0.452
9	6	6	5	0.387	0.581	-0.452
10	5	6	6	-0.484	0.581	0.565
11	7	5	6	1.257	-0.034	0.565
12	6	6	5	0.387	0.581	-0.452
13	5	2	5	-0.484	-1.879	-0.452
14	5	5	5	-0.484	-0.034	-0.452
15	6	6	5	0.387	0.581	-0.452
16	6	5	7	0.387	-0.034	1.582
17	7	7	7	1.257	1.196	1.582
18	3	3	4	-2.224	-1.264	-1.469
平均	5.556	5.056	5.444			
標準偏差	1.149	1.626	0.984			

標準化：「STANDARDIZE 関数」
=STANDARDIZE(元の変数，平均，標準偏差)
例：=STANDARDIZE(7, 5.556, 1.149)

③ 主成分負荷量の数値(0.5)を仮入力し，第一主成分の計算式をセットする．

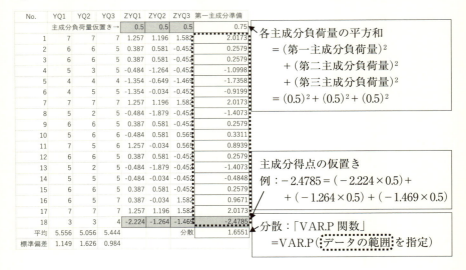

各主成分負荷量の平方和
= (第一主成分負荷量)² + (第二主成分負荷量)² + (第三主成分負荷量)²
= $(0.5)^2 + (0.5)^2 + (0.5)^2$

主成分得点の仮置き
例：$-2.4785 = (-2.224 \times 0.5) + (-1.264 \times 0.5) + (-1.469 \times 0.5)$

分散：「VAR.P 関数」
=VAR.P(データの範囲を指定)

④ ［データ］タブから→［ソルバー］を起動し，パラメータに以下を設定する．ソルバーを実行すると，第一主成分の結果が算出される．

ZYQ1	ZYQ2	ZYQ3	第一主成分準備
0.6036	0.5506	0.5766	1.000000893
1.257	1.196	1.582	2.3292
0.387	0.581	-0.452	0.2927
0.387	0.581	-0.452	0.2927
-0.484	-1.264	-0.452	-1.2485
-1.354	-0.649	-1.469	-2.0215
-1.354	-0.034	-0.452	-1.0965
1.257	1.196	1.582	2.3292
-0.484	-1.879	-0.452	-1.5871
0.387	0.581	-0.452	0.2927
-0.484	0.581	0.565	0.3537
1.257	-0.034	0.565	1.0657
0.387	0.581	-0.452	0.2927
-0.484	-1.879	-0.452	-1.5871
-0.484	-0.034	-0.452	-0.5712
0.387	0.581	-0.452	0.2927
0.387	-0.034	1.582	1.1267
1.257	1.196	1.582	2.3292
-2.224	-1.264	-1.469	-2.8854
		分散	2.2096

目的セルの設定：主成分得点の分散が入力されているセルを指定
目標値：最大値を選択
変数セルの変更：各変数の主成分負荷量を指定
制約条件の対象：各主成分負荷量の平方和が入力されているセル＝1と指定
【解決】ボタンをクリック

※ソルバーが表示されていない場合は，
［ファイル］→［オプション］→［アドイン］を開き，
［管理］→［Excelアドイン］の設定からソルバーアドインにチェックする．

⑤ 第一主成分を除いた各変数の標準化変量を算出する．

ZYQ1	ZYQ2	ZYQ3	第一主成分	第二主成分準備		
0.6036	0.5506	0.5766	1.000			
1.257	1.196	1.582	2.329	-0.149	-0.087	0.238
0.387	0.581	-0.452	0.293	0.210	0.420	-0.621
0.387	0.581	-0.452	0.293	0.210	0.420	-0.621
-0.484	-1.264	-0.452	-1.248	0.270	-0.577	0.268
-1.354	-0.649	-1.469	-2.021	-0.134	0.464	-0.303
-1.354	-0.034	-0.452	-1.097	-0.692	0.570	0.180
1.257	1.196	1.582	2.329	-0.149	-0.087	0.238
-0.484	-1.879	-0.452	-1.587	0.474	-1.005	0.463
0.387	0.581	-0.452	0.293	0.210	0.420	-0.621
-0.484	0.581	0.565	0.354	-0.697	0.386	0.361
1.257	-0.034	0.565	1.066	0.614	-0.621	-0.050
0.387	0.581	-0.452	0.293	0.210	0.420	-0.621
-0.484	-1.879	-0.452	-1.587	0.474	-1.005	0.463
-0.484	-0.034	-0.452	-0.571	-0.139	0.280	-0.123
0.387	0.581	-0.452	0.293	0.210	0.420	-0.621
0.387	-0.034	1.582	1.127	-0.293	-0.655	0.932
1.257	1.196	1.582	2.329	-0.149	-0.087	0.238
-2.224	-1.264	-1.469	-2.885	-0.482	0.325	0.195

各変数の標準化変量
＝第一主成分算出前の各標準化変量
－（第一主成分 × 主成分負荷量）
例：－0.149 ＝ 1.257 －（2.329×0.6036）

124　　　　付録1　選抜型多群主成分回帰分析【Excel での実施手順】

⑥　主成分負荷量の数値(0.5)を仮入力し，第二主成分の計算式をセットする．
（第一主成分のセットと同様）

ZYQ1	ZYQ2	ZYQ3	第一主成分	第二主成分準備			第二主成分
0.6036	0.5506	0.5766	1.000	0.5	0.5	0.5	0.75
1.257	1.196	1.582	2.329	-0.149	-0.087	0.238	0.0015
0.387	0.581	-0.452	0.293	0.210	0.420	-0.621	0.0046
0.387	0.581	-0.452	0.293	0.210	0.420	-0.621	0.0046
-0.484	-1.264	-0.452	-1.248	0.270	-0.577	0.268	-0.0193
-1.354	-0.649	-1.469	-2.021	-0.134	0.464	-0.303	0.0136
-1.354	-0.034	-0.452	-1.097	-0.692	0.570	0.180	0.0290
1.257	1.196	1.582	2.329	-0.149	-0.087	0.238	0.0015
-0.484	-1.879	-0.452	-1.587	0.474	-1.005	0.463	-0.0338
0.387	0.581	-0.452	0.293	0.210	0.420	-0.621	0.0046
-0.484	0.581	0.565	0.354	-0.697	0.386	0.361	0.0250
1.257	-0.034	0.565	1.066	0.614	-0.621	-0.050	-0.0284
0.387	0.581	-0.452	0.293	0.210	0.420	-0.621	0.0046
-0.484	-1.879	-0.452	-1.587	0.474	-1.005	0.463	-0.0338
-0.484	-0.034	-0.452	-0.571	-0.139	0.280	-0.123	0.0096
0.387	0.581	-0.452	0.293	0.210	0.420	-0.621	0.0046
0.387	-0.034	1.582	1.127	-0.293	-0.655	0.932	-0.0079
1.257	1.196	1.582	2.329	-0.149	-0.087	0.238	0.0015
-2.224	-1.264	-1.469	-2.885	-0.482	0.325	0.195	0.0186
		分散	2.210			分散	0.0003

　各主成分負荷量の平方和

　主成分得点の仮置き

　分散：「VAR.P 関数」
　　　＝VAR.P(データの範囲を
　　　　指定)

⑦　［データ］タブから→［ソルバー］を起動し，パラメータに以下を設定する．ソルバーを実行すると，第二主成分の結果が算出される．

> 目的セルの設定：主成分得点の分散が入力されているセルを指定
> 目標値：最大値を選択
> 変数セルの変更：各変数の主成分負荷量を指定
> 制約条件の対象：各主成分負荷量の平方和が入力されているセル＝1と
> 　　指定
> 　　「制約のない変数を非負数にする」のチェックを外す．
> ※第一主成分算出のソルバー設定の違いはこの部分のみ
> 【解決】ボタンをクリック

A.2 相関分析の方法   125

↓ 仮置き部分が更新される

ZYQ1	ZYQ2	ZYQ3	第一主成分	第二主成分準備			第二主成分
0.6036	0.5506	0.5766	1.000	-0.1661	0.7941	-0.585	1
1.257	1.196	1.582	2.329	-0.149	-0.087	0.238	-0.1835
0.387	0.581	-0.452	0.293	0.210	0.420	-0.621	0.6612
0.387	0.581	-0.452	0.293	0.210	0.420	-0.621	0.6612
-0.484	-1.264	-0.452	-1.248	0.270	-0.577	0.268	-0.6596
-1.354	-0.649	-1.469	-2.021	-0.134	0.464	-0.303	0.5677
-1.354	-0.034	-0.452	-1.097	-0.692	0.570	0.180	0.4618
1.257	1.196	1.582	2.329	-0.149	-0.087	0.238	-0.1835
-0.484	-1.879	-0.452	-1.587	0.474	-1.005	0.463	-1.1480
0.387	0.581	-0.452	0.293	0.210	0.420	-0.621	0.6612
-0.484	0.581	0.565	0.354	-0.697	0.386	0.361	0.2114
1.257	-0.034	0.565	1.066	0.614	-0.621	-0.050	-0.5660
0.387	0.581	-0.452	0.293	0.210	0.420	-0.621	0.6612
-0.484	-1.879	-0.452	-1.587	0.474	-1.005	0.463	-1.1480
-0.484	-0.034	-0.452	-0.571	-0.139	0.280	-0.123	0.3173
0.387	0.581	-0.452	0.293	0.210	0.420	-0.621	0.6612
0.387	-0.034	1.582	1.127	-0.293	-0.655	0.932	-1.0159
1.257	1.196	1.582	2.329	-0.149	-0.087	0.238	-0.1835
-2.224	-1.264	-1.469	-2.885	-0.482	0.325	0.195	0.2237
			分散	2.210		分散	0.4134

※ その他の主成分（Y群の第三主成分以下の下位の主成分や他群の主成分）の算出方法も同様であるため，詳細な算出手順は割愛する．

A.2　相関分析の方法

⑧　Y群の第一主成分と各質問項目の相関を確認し相関の高い項目を選抜する．

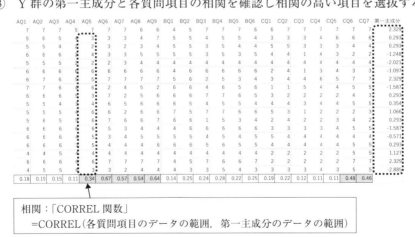

相関：「CORREL関数」
　　=CORREL(各質問項目のデータの範囲，第一主成分のデータの範囲)

※ p.55，表5.1「漫画をよく読む」相関係数の高い質問項目の選抜と同じ結果．

126　　　付録1　選抜型多群主成分回帰分析【Excelでの実施手順】

⑨　Y群の第一主成分と各群で選抜された項目の第一主成分と第二主成分の相関を確認する.

Y群の第一主成分	A群の第一主成分	A群の第二主成分	C群の第一主成分	C群の第二主成分
ZY1	ZA1	ZA2	ZC1	ZC2
2.329	2.508	0.796	2.197	0.010
0.293	-1.110	-1.426	1.277	-0.016
0.293	-2.893	-0.601	-0.564	-0.067
-1.248	-0.986	-0.007	-2.405	-0.118
-2.021	-2.460	-0.279	-0.564	-0.067
-1.097	1.748	0.384	-1.484	-0.092
2.329	2.705	-0.468	2.197	0.010
-1.587	-1.313	2.530	0.357	-0.041
0.293	-0.217	-1.594	-1.011	0.381
0.354	0.980	-0.587	0.357	-0.041
1.066	0.733	-0.149	-1.957	-0.565
0.293	2.278	-0.231	-1.459	0.828
-1.587	-0.684	0.977	0.357	-0.041
-0.571	-0.476	0.545	-0.564	-0.067
0.293	-0.374	-0.120	0.357	-0.041
1.127	-1.193	0.412	0.357	-0.041
2.329	2.961	-0.049	2.197	0.010
-2.885	-2.207	-0.133	0.357	-0.041
相関	0.673	-0.241	0.479	0.057

A.3　主成分回帰分析（主成分を用いた重回帰分析）の方法

重回帰分析のいくつかのアプローチ法の中でも，ここでは最もわかりやすい変数増加法の考え方にもとづいた分析手順を紹介する.

⑩　Y群の第一主成分との相関の絶対値が大きい順に並べ替えを行う.

Y群の第一主成分	A群の第一主成分	C群の第一主成分	A群の第二主成分	C群の第二主成分
ZY1	ZA1	ZC1	ZA2	ZC2
2.329	2.508	2.197	0.796	0.010
0.293	-1.110	1.277	-1.426	-0.016
0.293	-2.893	-0.564	-0.601	-0.067
-1.248	-0.986	-2.405	-0.007	-0.118
-2.021	-2.460	-0.564	-0.279	-0.067
-1.097	1.748	-1.484	0.384	-0.092
2.329	2.705	2.197	-0.468	0.010
-1.587	-1.313	0.357	2.530	-0.041
0.293	-0.217	-1.011	-1.594	0.381
0.354	0.980	0.357	-0.587	-0.041
1.066	0.733	-1.957	-0.149	-0.565
0.293	2.278	-1.459	-0.231	0.828
-1.587	-0.684	0.357	0.977	-0.041
-0.571	-0.476	-0.564	0.545	-0.067
0.293	-0.374	0.357	-0.120	-0.041
1.127	-1.193	0.357	0.412	-0.041
2.329	2.961	2.197	-0.049	0.010
-2.885	-2.207	0.357	-0.133	-0.041
相関	0.673	0.479	-0.241	0.057
	①	②	③	④

A.3 主成分回帰分析（主成分を用いた重回帰分析）の方法 *127*

⑪ 目的変数に ZY1，説明変数は相関の高い主成分を順に増やしながら分析し，自由度調整 R^2（Excel では補正 R2）の値が一番良いモデルを採用する．

Y群の第一主成分	A群の第一主成分	C群の第一主成分	A群の第二主成分	C群の第二主成分
ZY1	ZA1	ZC1	ZA2	ZC2
2.329	2.508	2.19	0.796	0.016
0.293	-1.110	1.27	-1.426	-0.016
0.293	-2.893	-0.56	-0.601	-0.06
-1.248	-0.986	-2.40	-0.007	-0.118
-2.021	-2.460	-0.56	-0.270	-0.06
-1.097	1.748	-1.48	0.386	-0.09
2.329	2.705	2.19	-0.468	0.016
-1.587	-1.313	0.35	2.556	-0.04
0.293	-0.217	-1.01	-1.594	0.38
0.354	0.980	0.35	-0.387	-0.04
1.066	0.733	-1.95	-0.148	-0.565
0.293	2.278	-1.45	-0.231	0.828
-1.587	-0.684	0.35	0.377	-0.04
-0.571	-0.476	-0.56	0.545	-0.06
0.293	-0.374	0.35	-0.120	-0.04
1.127	-1.193	0.35	0.412	0.016
2.329	2.961	2.19	-0.046	0.016
-2.885	-2.207	0.35	-0.133	-0.04
相関	0.673 ①	0.470 ②	-0.241 ③	0.057 ④

モデル 1
モデル 2
モデル 3

⑫ ［データ］→［データ分析］→［回帰分析］を選択する．

モデル 1

　回帰分析の入力範囲 Y：ZY1 のラベルから各（人数分の）データを選択．

　回帰分析の入力範囲 X：ZA1 と ZC1 のラベルから各（人数分の）データを選択．

　ラベルチェックボックスにチェックを入れる．

　OK ボタンをクリック．

概要

回帰統計	
重相関 R	0.731746
重決定 R2	0.535453
補正 R2	0.473513
標準誤差	1.109832
観測数	18

分散分析表

	自由度	変動	分散	測された分散	有意 F
回帰	2	21.29595	10.64798	8.644746	0.003182
残差	15	18.47592	1.231728		
合計	17	39.77187			

	係数	標準誤差	t	P-値	下限 95%	上限 95%	下限 95.0%	上限 95.0%
切片	-7.5E-11	0.26159	-2.9E-10	1	-0.55757	0.557566	-0.55757	0.557566
ZA1	0.482499	0.153611	3.141053	0.006728	0.155086	0.809912	0.155086	0.809912
ZC1	0.331442	0.203625	1.627704	0.124405	-0.10258	0.765459	-0.10258	0.765459

128　　付録1　選抜型多群主成分回帰分析【Excel での実施手順】

※モデル2と3は「回帰分析の入力範囲 X」のみ変更し，実行すればよい．

　モデル2の補正 R2 は 0.523，モデル3の補正 R2 は 0.513 であり，モデル2を採用し，考察を行う．

回帰統計	
重相関 R	0.778953
重決定 R2	0.606767
補正 R2	0.522503
標準誤差	1.056936
観測数	18

JMP のあてはめの要約結果と同様である．
【p.57，図 5.5】

分散分析表

	自由度	変動	分散	測された分…	有意 F
回帰	3	24.13228	8.044092	7.200781	0.003698
残差	14	15.6396	1.117114		
合計	17	39.77187			

	係数	標準誤差	t	P-値	下限 95%	上限 95%	下限 95.0%	上限 95.0%
切片	-1E-10	0.249122	-4.1E-10	1	-0.53431	0.534314	-0.53431	0.534314
ZA1	0.476334	0.14634	3.254969	0.005756	0.162465	0.790202	0.162465	0.790202
ZC1	0.358042	0.194637	1.839532	0.087136	-0.05941	0.775497	-0.05941	0.775497
ZA2	-0.44718	0.280643	-1.59342	0.133387	-1.0491	0.154738	-1.0491	0.154738

付録 2

「スマートフォンの満足度調査」の調査票

「スマートフォンの満足度調査」フェイスシート

F1	：性別	1. 男性　2. 女性
F2	：年代	1. 10代　2. 20代　3. 30代　4. 40代　5. 50代以上
F3	：職業分類	1. 会社員・役員・公務員　2. 自営業・個人事業主　3. 学生 4. 専業主婦・主夫　5. アルバイト・フリーター　6. 無職　7. その他（　　　　　　　　　）
F4	：独身・既婚	1. 独身　2. 既婚
F5	：同居形態	1. 1人暮らし　2. 家族と同居　3. その他（　　　　　　　　　）
F6	：家族の居住地域	1. 北海道　2. 東北　3. 関東　4. 北陸　5. 中部 6. 近畿　7. 中国　8. 四国　9. 九州　10. 海外（　　　　　　　　）
F7	：契約通話プラン「**家族割**」の利用　　1. あり　　2. なし	
F8	：LINEの**通話**利用　1. よく使う　2. たまに使う　3. ほとんど使わない　4. まったく使わない	
F9	：固定電話の所持　1. 自宅に固定電話あり　2. 自宅に固定電話なし	
F10	：1カ月の携帯電話・スマートフォンの利用料金*　1. 1,999円以下　2. 2,000～3,999円 3. 4,000～5,999円　　4. 6,000円～7,999円　5. 8,000円～9,999円 6. 10,000～11,999円　7. 12,000～13,999円　8. 14,000円以上　　＊自分で支払う金額の合計	
F11	：携帯電話・スマートフォンの合計所有台数　　1. 1台　　2. 2台　　3. 3台以上	
F12	：**主に利用している**携帯電話・スマートフォンのタイプ　1. ケータイ（ガラケー）　2. iPhone 3. スマートフォン（Android）　4. その他（　　　　　　　　　）	
F13	：**主に利用している**携帯電話・スマートフォンの契約会社　1. NTT（docomo）　2. KDDI（au） 3. softbank　4. Y!mobile　5. その他（　　　　　　　　　）	
F14	：**主に利用しているインターネットアクセス機器＜○は1つ＞**　1. デスクトップパソコン　2. ノートパソコン 3. 携帯電話　4. スマートフォン　5. タブレット　6. その他（　　　　　　　　　）	
F15	：携帯・スマートフォンでのインターネット利用時間（1日平均） 1. インターネットを利用しない　2. 30分未満　3. 30分～1時間未満 4. 1時間～1時間30分未満　5. 1時間30分～2時間未満　6. 2時間以上	
F16	：携帯・スマートフォンでの通話時間（1日平均） 1. 通話を利用しない　　　2. 30分未満　3. 30分～1時間未満 4. 1時間～1時間30分未満　5. 1時間30分～2時間未満　6. 2時間以上	
F17	：平日にテレビを見る時間（1日平均） 1. テレビを見ない　　　　2. 30分未満　　　3. 30分～1時間未満 4. 1時間～1時間30分未満　5. 1時間30分～2時間未満　6. 2時間以上	
F18	：主に利用している携帯電話・スマートフォンでよく連絡を取り合う人数 1. 5名未満　　2. 5～15名未満　　3. 15～30名未満　　4. 30名以上	

F19 :	携帯電話・スマートフォンでの各項目の使用頻度		とてもよく使う		どちらともいえない		まったく使わない
	①通話	:	5	4	3	2	1
	②メール	:	5	4	3	2	1
	③音楽視聴	:	5	4	3	2	1
	④写真・動画撮影	:	5	4	3	2	1
	⑤動画視聴	:	5	4	3	2	1
	⑥ゲーム	:	5	4	3	2	1
	⑦漫画	:	5	4	3	2	1
	⑧ネットショッピング	:	5	4	3	2	1
	⑨LINE	:	5	4	3	2	1
	⑩Facebook	:	5	4	3	2	1
	⑪ツイッター	:	5	4	3	2	1
	⑫地図	:	5	4	3	2	1
	⑬ネットサーフィン	:	5	4	3	2	1
	⑭書籍読書	:	5	4	3	2	1

「スマートフォンの満足度調査」質問項目

		非常にそう思う	思う	どちらともいえない	思わない	まったくそう思わない
YQ1	現在，メインで使っている機種は，同世代の友人にもお勧めできる	7	6	5	4	3	2	1
YQ2	現在，メインで使っている機種を失くしたら，再度，同一機種を選ぶ	7	6	5	4	3	2	1
YQ3	現在，メインで使っている携帯・スマートフォンの総合満足度	7	6	5	4	3	2	1

		非常に満足	満足	どちらともいえない	不満足	非常に不満足
AQ1	全体サイズ（幅×高さ×厚さ）	7	6	5	4	3	2	1
AQ2	色	7	6	5	4	3	2	1
AQ3	重さ	7	6	5	4	3	2	1
AQ4	フル充電までに必要な時間	7	6	5	4	3	2	1
AQ5	本体フォルダ容量	7	6	5	4	3	2	1

付録2 「スマートフォンの満足度調査」の調査票

AQ6	画面サイズ(大きさ)	7	6	5	4	3	2	1
AQ7	カメラの画素数	7	6	5	4	3	2	1
AQ8	ディスプレイの解像度	7	6	5	4	3	2	1
AQ9	デザイン	7	6	5	4	3	2	1

		非常に満足		満足	どちらとも いえない		不満足	非常に不満足	機能 なし
BQ1	バッテリーの持ち時間	7	6	5	4	3	2	1	0
BQ2	データ通信速度	7	6	5	4	3	2	1	0
BQ3	新奇性(新しさ・珍しさ)	7	6	5	4	3	2	1	0
BQ4	操作性(使いやすさ)	7	6	5	4	3	2	1	0
BQ5	機能のわかりやすさ	7	6	5	4	3	2	1	0
BQ6	対応アプリの多さ	7	6	5	4	3	2	1	0

		非常に満足		満足	どちらとも いえない		不満足	非常に不満足
CQ1	販売店の接客対応	7	6	5	4	3	2	1
CQ2	販売員の説明のわかりやすさ	7	6	5	4	3	2	1
CQ3	契約プランのわかりやすさ	7	6	5	4	3	2	1
CQ4	お客さまサポート(各種手続等)	7	6	5	4	3	2	1
CQ5	キャンペーン(お得さ)	7	6	5	4	3	2	1
CQ6	経済性(安さ)	7	6	5	4	3	2	1
CQ7	安心・補償サービス	7	6	5	4	3	2	1

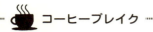 コーヒーブレイク

質問間の相関が高い場合の変数選択の注意

　因子負荷量とは主成分と元の変数との相関係数のことで，横軸に第一主成分・縦軸に第二主成分をとり因子負荷量を布置した2次元の図が因子負荷量図である．もし，互いの相関が高い変数(質問)が多数あるとそれらは因子負荷量図上で密集する．この場合に，主成分を用いずにそのまま重回帰の変数選択を行うと次の①②の弊害が現れるので十分に注意されたい．

　①中のどれかの変数が選択されると他の変数は選択されないことが起きる．選択された変数は他の変数の情報をかなりもっているから相関が高いわけで，どれか一つが選択されると他の変数にはそれ以外の独自の情報(選択された変数以外の情報)はほとんどなくなることで無価値な変数になるために選択されないという状況である．②もし複数の変数が選択された場合には，偏回帰係数が信用できない．そこそこの相関の場合には複数の変数が選択され，それらの変数間では相互にやりくりをして y の値を決めなければならないために，各々の変数が単独できちんと機能することができない．y をある値にする場合に相関の高い他の変数が大きめの値をとればやりくりの都合から小さめの値あるいは負の値をとらなければならなくなるし，その逆のことも起こるという状況である．つまり偏回帰係数はご都合主義で決まることになるのである．このため偏回帰係数の値は不安定になり，ときには符号が逆転することも珍しくない．

　しかしながら，主成分自体は全変数の線形結合なので必ず因子負荷量図上に全変数を保持している．それゆえに，主成分は全変数を内包したカプセル(容器)という見方ができる．そして，図における位置関係で変数間の相関が高い変数(質問)の相互の関係を視覚的に把握することもできる．そのうえ，選抜型多群主成分回帰分析を行う場合には，主成分というカプセルのレベルで変数選択をするのでカプセル中の変数には影響が及ばない．

あ と が き

　データを採る方法には以下に示す調査と実験があり，両者には特徴(長所と短所)があるのでそれを踏まえて目的を達成することが重要である．
- 調査(非介入観察)：対象に仕掛けずに計画的に状態を受動的に観察する．
- 実験(介入観察)：対象に計画的に仕掛けて反応を能動的に観察する．

　手堅いアプローチは調査により情報を採って対象を把握し，それにもとづいて実験を行い，得られた実験データで模型を作成し，それにもとづいて設計(施策の策定)するという包括的なアプローチである．本書はそれについて議論した．

　本書は調査の技法として，質問項目(変数)間に存在する相関の問題に対して全質問項目をいくつかの群に分けて扱うという選抜型多群主成分回帰分析を提案した．これは，多数の説明変数を群内では相関が強く群間では相関が低くなるような複数の群を構成し，各群で主成分を求めたうえで主成分回帰分析を行うという方法である．この方法は通常の重回帰分析と主成分回帰分析を特殊な場合として包み込む総合的な概念にもとづく汎用的な方法である．もし全変数の間の相関が低ければ群分割は不必要でそのまま通常の重回帰分析となる．もし全変数が相互に相関が高ければ群間でも相関を有するために全体を群分割はせずに全体を一つの群として扱うことになるので，これは主成分回帰となるのである．したがって，多群主成分回帰分析は重回帰分析をより一般化したものであるといえよう．

　回帰分析を目指して主成分を用いる場合に注意すべきことがある．主成分分析は図 4.1 に示したように自己完結した方法(外的基準のない方法)のために，目的変数を説明するということを念頭に置いていない．したがって，目的変数との相関の低い説明変数を混合したもとでの主成分を用いると切れ味の悪い解析になる．このため，多群主成分回帰分析を行う前に目的変数に効いている変数の選抜を行うことに意味がある．逆にいえば，役に立たない(回帰分析の邪

魔をする）変数を排除して切れ味の鋭い主成分をつくるわけである．したがって，提案方法は選抜型多群主成分回帰分析という名称にしている．

ところで，本書では質問紙実験はわかりやすく手軽に実施できるという点で絞り込んだ3因子に関する実験として直交実験 L_8 を採用している．しかしながら，可能ならば5因子に絞り込んでこれらに関する直交実験 L_{16} を用いることが望ましい．因子が多ければ設計のレベルを高めるとともに設計の多様性・柔軟性を広げることができる．これは L_8 実験を発展させて2倍の実験にすればよいわけで，アプローチの本質は同じである．参考のために L_{16} の表を以下に示す．ただし，15個の列のすべてではなく重要な5列（[1]，[2]，[4]，[8]，[15]）のみを示している．これらの5列に5つの因子を割り付ける．その際に，1は第1水準を意味し，2は第2水準を意味している．

直交実験 L_{16} ではプロファイルカードが16枚になるので，それらの順位付けが少したいへんにはなる．しかし，本質的には 6.2 節の【参考例】(p.71) と同じ方法でよい．まずは上中下（優れている，まあまあ，劣る）の3グループ（各

表　直交表 L_{16}

列 No.	[1]	[2]	[4]	[8]	[15]
1	1	1	1	1	1
2	1	1	1	2	2
3	1	1	2	1	2
4	1	1	2	2	1
5	1	2	1	1	2
6	1	2	1	2	1
7	1	2	2	1	1
8	1	2	2	2	2
9	2	1	1	1	2
10	2	1	1	2	1
11	2	1	2	1	1
12	2	1	2	2	2
13	2	2	1	1	1
14	2	2	1	2	2
15	2	2	2	1	2
16	2	2	2	2	1

グループは5枚ないし6枚)に分け，次に各グループの中で順位付けをし，最後にあるグループの下位のものと次のグループの上位のものの間で入れ替えの検討を行って納得のいく全体の順位付けをすればよい．

質問紙を用いた調査と実験は人間を対象にした観察である．したがって，それにより得られた結論の適用範囲(適用限界)については十分な注意が必要である．質問紙で得られた結論はあくまでも限定的なものでしかなく，その適用範囲を押さえる意味で以下の2点が重要になる．

① 適用可能な母集団を明らかにする．

→フェイスシート項目を完備し，対象者の抽出を正しく行う

② 前提条件(TPO：Time, Place & Ocation)を明示する．

→対象者に対してどういう条件のもとでの質問なのかを明快に示す．

このように適用範囲に関しては慎重に対応しなければならない．

本書で扱っている因果関係は垂直型構造(因果連鎖はないが原因が多い構造)の因果関係である．多くの因果関係においては多少の相関に関しては目をつぶるという割り切ったスタンスをとれば近似的には合理的な群分割(群内の相関は高いが群間は低いという複数の群に分割すること)をベースとした垂直型構造で因果関係を扱うことが可能で，これが選抜型多群主成分回帰分析の本質である．そして，目的変数との相関の高いものを選抜することで明快な模型を作成することができるのである．

しかし，対象によっては網状型構造(網の目のように展開した因果連鎖のある構造)でしか扱えない因果関係も存在する．そのような場合にはSEM(Structural Equation Modeling：構造方程式モデリング)が必要となる．これについてはきちんとした学習が不可欠なので，その必要が生じた場合にはこれを主題として扱っている他書を参考にされたい．

本書で提案した選抜型多群主成分回帰分析は扱いやすくかつ得られた結果が可視化でき誰にでも理解しやすいという特長をもっている．この方法が実務で役立つことが筆者らの願いである．

引 用 文 献

1) Kawasaki, S., Takahashi, T. & Suzuki, K. (2014): "The effect of autonomous career actions on self-career formation from the Viewpoint of Quality Management," Proceedings of International Conference on Quality '14 Tokyo, pp.152-163.
2) 大隅昇(2006):「インターネット調査の抱える課題と今後の展開」, ESTRELA, 2.
3) Akbulut, Y. (2015): "Predictors of inconsistent responding in web surveys," *Internet Research*, 25(1), pp.131-147.
4) Couper, M. P., Tourangeau, R., & Conrad, F. G. *et al.* (2013): "The design of grids in web surveys," *Social science computer review*, 31(3), pp.322-345.
5) 埴淵知哉・村中亮夫・安藤雅登(2015):「インターネット調査によるデータ収集の課題—不良回答, 回答時間, および地理的特性に注目した分析—」, 『E-journal GEO』, 10(1), pp.81-98.
6) 三浦麻子・小林哲(2015):「オンライン調査モニタの Satisfice に関する実験的研究 1)」, 『社会心理学研究』, 31(1), pp.1-12.
7) Yoo, W., Mayberry, R., & Bae, S. *et al.* (2014): "A study of effects of multicollinearity in the multivariable analysis," *International journal of applied science and technology*, 4(5), pp.9-19.
8) Kawasaki S., Takahashi T. & Suzuki K. (2015): "Study of classification in questionnaire surveys and questionnaire experiments in human resource management," Proceedings of the Asian Network for Quality Congress 2015 in Taipei, pp.1-13.
9) Burgess, E. W. (1926): "The family as a unity of interacting personalities," American Association for Organizing Family Social Work.
10) Lazarsfeld, P. F. (1961): "Notes on the history of quantification in sociology—trends, sources and problems," *Isis*, 52(2), pp.277-333.
11) Burgess, E. W. & Wallin, P. (1953): "Engagement and marriage: Lippincott."
12) 樋口耕一(2004):「テキスト型データの計量的分析　理論と方法」, 19(1),

pp.101-115.

13) 桜井厚(2003):「社会調査の困難」,『社会学評論』, 53(4), pp.452-470.

14) 吉川和利・小宮秀一・安田稔ほか(1995):「体組成研究におけるリッジ回帰分析による変数選択」,『発育発達研究』, 23, pp.63-66.

15) 赤池弘次(1971):「時系列の解析と予測と制御」,『科学基礎論研究』, 10(2), pp.73-77.

16) Hoerl, A. E. & Kennard, R. W. (1970): "Ridge regression: Biased estimation for nonorthogonal problems," *Technometrics*, 12(1), pp.55-67.

17) Gunst, R. F. & Webster, J. T. (1975): "Regression analysis and problems of multicollinearity," *Communications in Statistics-Theory and Methods*, 4(3), pp.277-292.

18) Fornell, C. & Bookstein, F. L. (1982): "Two structural equation models: LISREL and PLS applied to consumer exit-voice theory," *Journal of Marketing research*, pp.440-452.

19) 藤越康祝・柳井晴夫(1993):「多変量解析の現状と展望」,『日本統計学会誌』, 22(3), pp.313-356.

20) 柳井晴夫・岩坪秀一(2001):『複雑さに挑む科学』, 講談社.

21) Stigler, S. M. (1989): "Francis Galton's account of the invention of correlation," *Statistical Science*, pp.73-79.

22) Fisher, R. A. (1925): *Statistical methods for research workers*, Genesis Publishing Pvt Ltd.

23) Anderson, T. W. (1984): *Multivariate statistical analysis*, NY : Wiley & Sons.

24) 柳井晴夫編(2011):『行動計量学への招待』, 朝倉書店.

25) Rao, C. R. (1952): *Advanced statistical methods in biometric research*, NY: Wiley.

26) 浅野長一郎・塩谷実(1966):『多変量解析論』, 共立出版.

27) 芝祐順(1967):『行動科学における相関分析法』, 東京大学出版会.

28) Pearl, J. (2000): *Causation: Models, reasoning and inference*. Cambridge University Press, Cambridge.

29) Goodman, L. A. (1974): "Exploratory latent structure analysis using both identifiable and unidentifiable models," *Biometrika*, 61(2), pp.215-231.

30) Haberman, S. J. (1974): "Log-linear models for frequency tables with ordered classifications," *Biometrics*, pp.589-600.

31) Clogg, C. C. (1995): *Latent class models Handbook of statistical modeling for*

the social and behavioral sciences, Springer, pp.311-359.

32) 藤原翔・伊藤理史・谷岡謙(2012)：「潜在クラス分析を用いた計量社会学的アプローチ：地位の非一貫性，格差意識，権威主義的伝統主義を例に年報人間科学」，33，pp.43-68.

33) 川﨑昌・高橋武則(2016)：「対応のある質問紙調査に関する研究―２つの事例を通して―」，『目白大学経営学研究』，14，pp.23-36.

34) 田中亮・戸梶亜紀彦(2009)：「欲求の充足に基づく顧客満足測定尺度の因子的妥当性の検討―リハビリテーションサービスにおける調査研究―」，『理学療法科学』，24(5)，pp.737-744.

参 考 文 献

川﨑昌(2014)：「従業員の職務意識に影響を与えるキャリア支援―選抜型主成分重回帰を用いた"キャリア健診"分析―」，人材育成学会第12回年次大会論文集，pp.95-100.

川﨑昌・高橋武則・鈴木圭介(2014a)：「キャリア自己概念の認識がキャリア自律行動に与える影響」，日本品質管理学会第104回研究発表要旨集，pp.103-106.

川﨑昌・高橋武則・鈴木圭介(2014b)：「離職リスクの回避を考慮したキャリア自律支援施策の検討」，経営行動科学学会第17回年次大会論文集，pp.59-64.

川﨑昌・高橋武則(2015a)：「中小企業における自律的キャリア形成支援の影響に関する研究―多母集団同時分析を用いた職能等級階層による検討―」，『日本情報ディレクトリ学会誌』，13，pp.94-103.

川﨑昌・高橋武則(2015b)：「質問紙実験によるキャリア自律支援施策の検討」，『目白大学経営学研究』，13，pp.21-45.

河村敏彦・高橋武則(2013)：『統計モデルによるロバストパラメータ設計』，日科技連出版社.

高橋武則(1986)：『統計的推測の基礎』，文化出版局.

高橋武則・楊国林(1989)：『情報とその処理の基礎』，文化出版局.

高橋武則・楊国林(1990)：『質問紙調査の計画と解析』，文化出版局.

高橋武則(1993)：『統計モデルとQC的問題解決法』，日本規格協会.

高橋武則(1998)：『模擬生産・模擬実験と統計的品質管理』(品質月間テキストNo.283)，品質月間委員会.

索　引

［英数字］

1 変量の分布　33
AVERAGE 関数　29
L_8 の直交表　69
SEM　38
STDEV 関数　29
VIF(Variance Inflation Factor)　42,
　50, 85, 86, 105, 108

［ア　行］

上げしろ　59
因子負荷量図　46, 63
円グラフ　34
オンライン調査　101

［カ　行］

回帰木　80, 82
回帰方程式　42
解析模型図(準備)　4, 25
概念図　2, 22, 101
確認調査　76
仮説　26
仮想実験　13, 68
カテゴリカル機能　33
観測変数　4
寄与率　45, 107
　——R^2　43
クラスター分析　81
群の再構成　79

合成ベクトル　56, 98
構造方程式モデリング　38
構造模型図(結果)　6, 60
固有値　45

［サ　行］

サイコグラフィック属性　27, 79, 80
下げしろ　59
ジオグラフィック属性　27, 79, 80
事後層別　106, 107
質的調査　37
質問紙調査　17
重回帰分析　40, 73, 86, 105, 114
自由度調整 R^2　43, 105, 107, 112, 114
自由度調整済み寄与率　43
主成分回帰　38
　——分析　48
主成分分析　5, 7, 40, 53
スクリープロット　47
潜在クラス分析　81
選抜型多群主成分回帰分析　4, 9, 50,
　55, 60, 94, 105
選抜基準　54, 108
相関　3, 54, 85, 99
層別分類　79
属性　26
　——分類　27, 79

［タ　行］

多群質問紙調査　17

多重共線性　　20, 37, 50, 105, 107, 108
多変量解析　　38, 40
単純集計　　29
調査目的　　26
積み重ね解析　　89
テキストマイニング　　38
デモグラフィック属性　　79, 80
特性要因図　　23, 101

[ナ　行]

年表　　22

[ハ　行]

パス図　　24
ヒストグラム　　33
ビヘイビオラル属性　　27, 79, 80
標準化　　98, 108
標準偏回帰係数　　59, 63, 114
　——（標準 β）　　43
標準偏差　　29, 92

フェイスシート　　26
プロファイルカード　　69
分散拡大係数　　42, 50, 105
分類木　　80, 82
平均　　92
　——値　　29
偏回帰係数　　10
　——（推定値）　　43, 98
棒グラフ　　33
母集団　　79

[ヤ　行]

要約統計量　　33, 92

[ラ　行]

ライフスタイル属性　　27, 79, 80
リッジ回帰　　38
量的調査　　37
累積寄与率　　46
レーダーチャート　　34

著者紹介

高橋　武則（たかはし　たけのり）

1946 年　長野県に生まれる
　　　　　早稲田大学法学部卒業，早稲田大学理工部卒業
　　　　　早稲田大学大学院理工学研究科修士課程修了
1980 年　早稲田大学大学院理工学研究科博士課程修了
その後　東京理科大学助教授・教授
　　　　　慶應義塾大学大学院教授（2012 年定年退職）
　　　　　目白大学教授（2017 年定年退職）
現　在　慶應義塾大学大学院客員教授，工学博士
著　書　『Statistical Methods for Quality Improvement』（共著，AOTS，1985 年）
　　　　　『統計的推測の基礎』（文化出版局，1986 年）
　　　　　『質問紙調査の計画と解析』（共著，文化出版局，1990 年）
　　　　　『統計モデルと QC 的問題解決法』（日本規格協会，1993 年）
　　　　　『統計モデルによるロバストパラメータ設計』（共著，日科技連出版社，2013
　　　　　年）ほか多数

川﨑　昌（かわさき　しょう）

1972 年　長崎県に生まれる
　　　　　都留文科大学文学部社会学科卒業
　　　　　目白大学大学院経営学研究科経営学専攻修士課程修了
2017 年　目白大学大学院経営学研究科経営学専攻博士後期課程修了
現　在　目白大学経営学部経営学科・客員研究員，博士（経営学）

アンケートによる調査と仮想実験
顧客満足度の把握と向上

2019 年 7 月 26 日　第 1 刷発行

著　者	高橋　　武則
	川﨑　　　昌
発行人	戸羽　　節文

発行所　株式会社　**日科技連出版社**
〒 151-0051　東京都渋谷区千駄ケ谷 5-15-5
　　　　　　　DS ビル
電　話　出版　03-5379-1244
　　　　　営業　03-5379-1238

印刷・製本　東港出版印刷株式会社

検　印
省　略

Printed in Japan

©*Takenori Takahashi, Sho Kawasaki 2019*
ISBN978-4-8171-9674-3
URL http://www.juse-p.co.jp/

本書の全部または一部を無断で複写複製（コピー）することは，著作権法上での例外を除き，禁じられています．